计算机网络技术基础

JISUANJI WANGLUO JISHU JICHU

主　编◎贾民政　杨民峰　孙洪迪
副主编◎方　园　罗　波　王旭东

重庆大学出版社

内容提要

本书以项目为载体，以计算机网络技术基础为主体内容，针对工作、生活中对互联网的不同需求提出方案，解决工作生活中的组网、用网、管网等问题，具有很强的实用性。

本书注重能力训练，便于教学的开展。全书共分为5个项目：双机互联、组建家庭网络、组建办公网络、畅游Internet、保障网络安全，每个项目讲解深入浅出，项目之间逐层深入，既便于教师备课和实践课程的安排，也便于学生接受知识和技能训练。

本书既可以作为高等职业教育计算机网络相关专业低年级学生的专业教材或实习实训教材，也可以作为其他专业的计算机网络基础课教材，还可以作为培训教材或供广大网络爱好者自学的参考用书。

图书在版编目(CIP)数据

计算机网络技术基础/贾民政，杨民峰，孙洪迪主编.--重庆：重庆大学出版社，2023.4

ISBN 978-7-5689-3708-5

Ⅰ.①计… Ⅱ.①贾… ②杨… ③孙… Ⅲ.①计算机网络 Ⅳ.①TP393

中国国家版本馆CIP数据核字(2023)第054883号

计算机网络技术基础

JISUANJI WANGLUO JISHU JICHU

主　编　贾民政　杨民峰　孙洪迪

副主编　方　园　罗　波　王旭东

策划编辑：范　琪

责任编辑：谭　敏　　版式设计：范　琪

责任校对：关德强　　责任印制：张　策

*

重庆大学出版社出版发行

出版人：饶帮华

社址：重庆市沙坪坝区大学城西路21号

邮编：401331

电话：(023) 88617190　88617185(中小学)

传真：(023) 88617186　88617166

网址：http://www.cqup.com.cn

邮箱：fxk@cqup.com.cn (营销中心)

全国新华书店经销

重庆愚人科技有限公司印刷

*

开本：787mm×1092mm　1/16　印张：10.5　字数：258千

2023年4月第1版　2023年4月第1次印刷

ISBN 978-7-5689-3708-5　定价：49.80元

FOREWORD

前　言

随着新一代互联网、云计算、大数据、物联网等信息技术的不断普及,计算机网络技术已渐渐深入人们工作生活的方方面面。数字经济蓬勃发展,计算机网络作为现代企业中的基础设施,在保障企业的生产和经营活动中起到了决定性的作用。具备计算机网络的基础知识和能力是新时代提出的新要求。

编写本书的目的是希望通过多个网络项目的设计和实施,使读者掌握网络技术基础知识和技能。全书以解决实际问题、提高实操能力为目标,图文并茂,简明实用。

本书以项目为载体,注重能力训练,每个项目针对不同的需求,侧重不同的技术,将计算机网络技术基础知识融入各个项目,在实践中学习知识,理解理论并解决实际问题。项目设计采用层层递进,由易入难的阶梯式结构编排,易于激发学生的学习兴趣,提高学生的动手能力,也便于教学的开展。

本书包括5个综合性项目,每个项目讲解深入浅出,项目与项目之间逐层深入。项目1为双机互联,主要介绍最简单的计算机网络——双机互联网络的实现,让读者对网络的概念及网络的分类、网络体系结构、IP地址、子网掩码、网络传输介质等有一个初步的认识,让读者具有使用网卡互联、USB互联实现联网和应用的能力。项目2为组建家庭网络,主要介绍在家庭环境中进行局域网组建,通过确定拓扑结构、设置软硬件实现无线路由器等组网方案及其网络应用,学完该项目后读者应能根据实际环境选择合适的组网方式并实现文件共享等各种网络应用。项目3为组建办公网络,主要介绍办公网络的组建,通过讲解以路由器为中心组网方案及其实施,使读者能够掌握办公网络的组建方式并能实现文件传输、共享打印、DHCP、Web、FTP等服务。学完该项目后,读者应能举一反三地在真实的环境下,根据实际情况构建办公网络,提供各种服务。项目4为畅游Internet,主要介绍各种Internet应用,学完该项目后,读者应能熟练设置浏览器,使用搜索引擎,使用网络存储,下载资源,收发电子邮件,使用在线教育资源等。项目5为保障网络安全,主要介绍网络安全和管理,通过防火墙、安全软件的安装和使用及常见网络故障的解决,使用户建立良好的网络安全习惯,增强网络安全意识,提高读者管网、用网的能力。

本书由贾民政、杨民峰、孙洪迪任主编,方园、罗波、王旭东任副主编,在编写的过程中得到了许多朋友和同事的大力支持,在此一并衷心地表示感谢。本书在编写过程中参考了大量书籍和文献及网络资源,书中未一一列出,在此向相关作者、出版社及网友衷心地表示感谢。

由于计算机网络技术发展迅速,涉及的知识面广泛,加上编者水平有限,书中疏漏之处在所难免。如读者发现书中有不妥或需要改进之处,希望读者与编者进行沟通,提出建议,以达到不断完善此书的目的,笔者在此衷心地表示感谢。

编　者
2022 年 10 月

CONTENTS

目 录

项目 1　双机互联

1.1　项目描述

公司里有两台台式计算机,出于信息安全的考虑,这两台计算机不能访问 Internet,也不能使用 U 盘等移动存储设备,但这两台计算机之间又要传输一些资料。作为公司的网络运维人员该如何满足此需求?

1.2　需求分析

在信息时代要想实现资源的共享,计算机网络技术无疑是首选。基于该需求无法使用 Internet,可以考虑使用局域网的方案。两台计算机直接相互通信可以通过双机互联的方式实现,双机互联也是最简单的一种计算机网络,双机互联后通过文件共享的方式就可以实现资料的相互访问。

1.3　典型工作环节

1.3.1　设计方案

双机互联就是两台计算机之间直接使用有线或无线的方式连接,如图 1.1 所示。双机互联有网卡互联、串口互联、并口互联、Modem 互联、红外互联、USB 互联等多种形式。

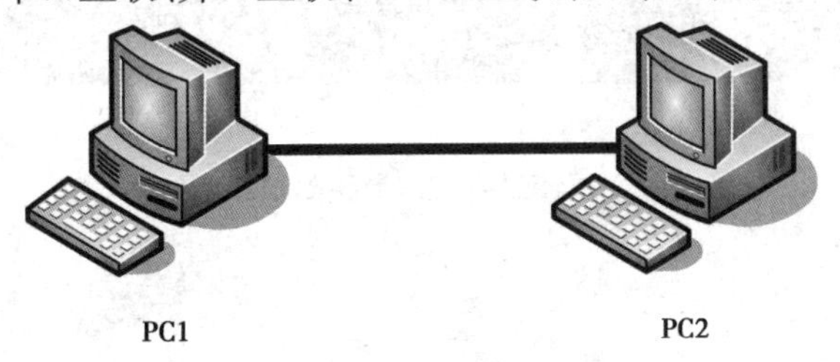

图 1.1　双机互联方案

在双机互联的方案中,网卡互联是最传统、速度最快、推荐率最高的互联组网方案,所以我们采用网卡互联,该方案有 4 个优点:

一是速度快,目前市场上常见的多为 10/100 Mbit/s 自适应网卡,这种网卡的优势就是能够自动适应对方的速度,因此如果用于双机互联,连接速度可达 100 Mbit/s,实际传输速率可达 9 ~ 10 Mbit/s。

二是传输距离远,双绞线的传输距离可达 100 m,对于小型局域网来说完全够用。

三是可以实现结构化布线,网线能够通过各种管、槽进行铺设。对于未装修的房间,可以将其随意铺设然后装修;对于已经装修好的房间,既能利用其他管路布线,也可以通过线槽布线,布线美观,适合家庭使用。

四是功能强大,这种组网方式组建的是真正的局域网,局域网中所有的应用它都能够完美地实现。

1.3.2 制作线缆

在网卡互联方案中,硬件的装配就是使用双绞线通过网卡将两台计算机连接起来。所有双绞线的制作是此处的重点。这里的双绞线是指五类、超五类或者六类双绞线。在双绞线的制作中,通常有两种类型,即直通线和交叉线,直通线即网线两端采用相同的线序,要么都是568A 标准,要么都是568B 标准。不同类型设备连接使用直通线,如网卡到交换机、网卡到 ADSL Modem、交换机到路由器等。交叉线即一根网线,一端为568B 线序,另一端为568A 线序,也就是所谓的1-3,2-6 对调。相同类型设备连接使用交叉线,如两台计算机的网卡、交换机与交换机、交换机与集线器等。另外,部分交换机和集线器有级联口(标注如"Uplink"),交换机的级联口连接其他交换机的普通口需使用直通线。

注意:使用超五类线进行双机互联时,百兆网卡需使用交叉线;千兆网卡需使用直通线,这是因为在千兆网络中使用的是 8 根线全双工工作。

1)直通双绞线的制作

双绞线的制作,实际上就是把一个称为水晶头的网络附件安装在双绞网线上的简单过程。当然,不同用途的网线有不同的跳线规则。在双绞网线制作过程中,主要用到的网络材料、附件和工具包括五类以上的双绞线、8 芯水晶头[图 1.2(a)]和双绞网线钳[图 1.2(b)]等。还有一些专用的剥线工具,如图 1.3 所示。

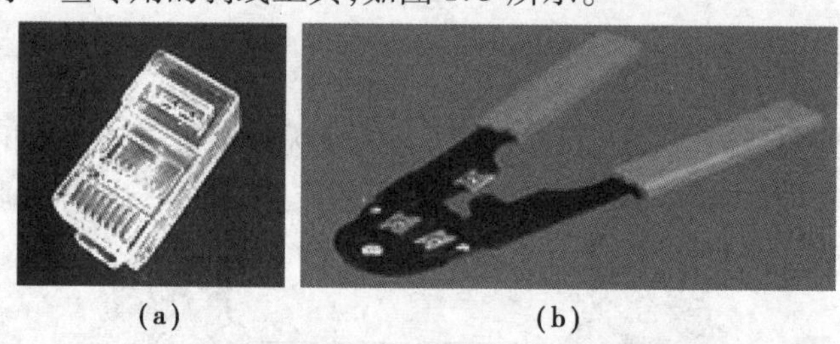

(a) (b)

图 1.2 双绞线 8 芯水晶头和双绞网线钳

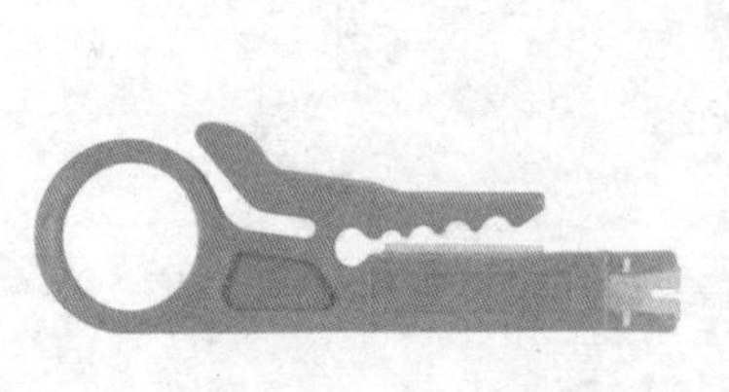

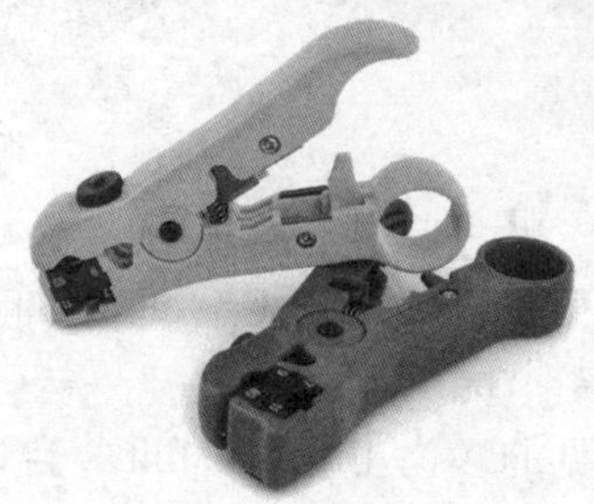

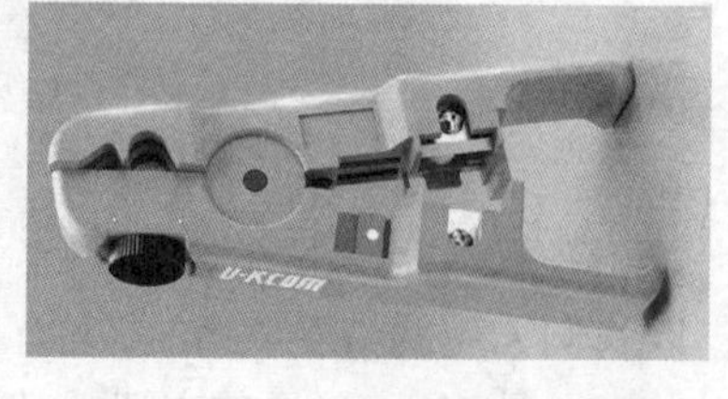

图 1.3 专用剥线工具

双绞网线的制作基本流程可用图 1.4 表示。下面是直通类型双绞网线的具体制作过程。

图 1.4 双绞线制作基本流程

①用双绞网线钳(也可以用其他剪线工具)垂直裁剪一段符合要求长度的双绞线(建议先适当剪长些),然后把一端插入双绞网线钳用于剥线的刀口中(注意网线不能弯),直插进去,直到顶住网线钳后面的挡位,如图 1.5 所示。

②压下网线钳,用另一只手拉住网线慢慢旋转一圈(无须担心会损坏网线里面芯线的包皮,因为剥线的两刀片之间留有一定距离,该距离通常就是里面 4 对芯线的直径大小)。然后松开网线钳,把切断开的网线保护塑料包皮剥下来,露出 4 对 8 条芯线,如图 1.6 所示。

图 1.5 利用网线钳剥线刀口剥线

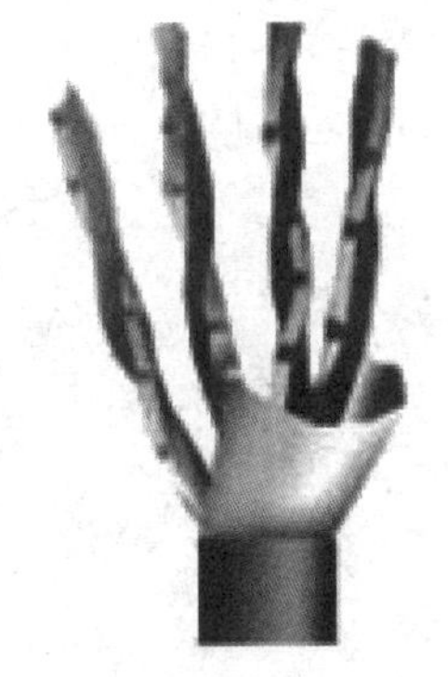

图 1.6 去掉网线保护塑料包皮后的 4 对 8 条芯线

在 4 对 8 条芯线中,每对互相缠绕的两根芯线由一条染有某种颜色的芯线加上一条相应颜色和白色相间的芯线组成。4 条全色芯线的颜色为棕色、橙色、绿色、蓝色,对应的 4 条花色芯线的颜色为棕白、橙白、绿白、蓝白。

③把4对芯线一字并排，然后再把每对芯线中的两条芯线相邻排列分开。注意不要跨线排列，并建议按统一的排列顺序，如左边统一为全色芯线，右边统一为相应颜色的花白芯线。因为4条花白相间的网线染有颜色较少，弄乱后很难分清是与哪条全色芯线配对的。最后用网线钳或其他剪线工具剪齐（不要剪太长，只需剪齐即可）。

④左手水平握住水晶头（塑料扣的一面斜向下，开口向右），右手将剪齐的8条芯线紧密排列，捏住这8条芯线对准水晶头开口插入水晶头中，如图1.7所示。插入后再使劲往里推，使各条芯线都插到水晶头的底部，不能弯曲。因为水晶头是透明的，所以可以从水晶头外面清楚地看到每条芯线插入的位置。

⑤确认所有芯线都插到水晶头底部后，即可将插入网线的水晶头直接放入网线钳压线槽中，如图1.8所示。此时要注意，压线槽结构与水晶头结构一样，一定要正确放入才能正确压制水晶头。确认水晶头放好后即可使劲压下网线钳手柄，使水晶头的插针都能插入网线芯线之中，与之接触良好。然后再用手轻轻拉一下网线与水晶头，看是否压紧，最好稍稍调一下水晶头在网线钳压线槽中的位置，再压一次。

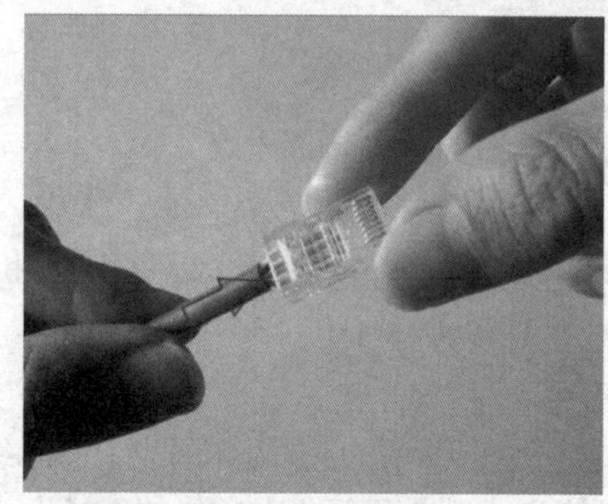

图1.7　把8条芯线插入水晶头中

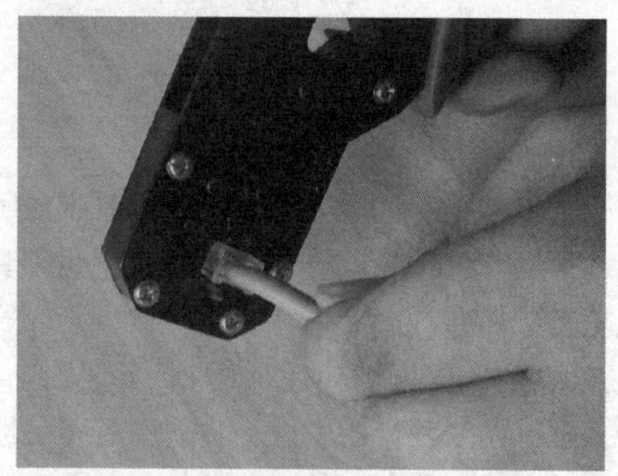

图1.8　用网线钳压线槽压制水晶头

通过以上简单的5步操作，网线一端的水晶头就压制好了，如图1.9所示。按同样的方法制作双绞线的另一端水晶头。因为现在制作的是直通双绞网线，所以要确保两端水晶头中的8条芯线顺序完全一致，这样整条直通双绞网线就制作好了，如图1.10所示。

图1.9　制作好一端水晶头的网线

图1.10　制作好两端水晶头的网线

⑥最后用专用的网线测试仪（如图1.11所示，为一个“同轴电缆”和“双绞线”双功能网线测试仪）测试一下所制作的网线是否通畅。

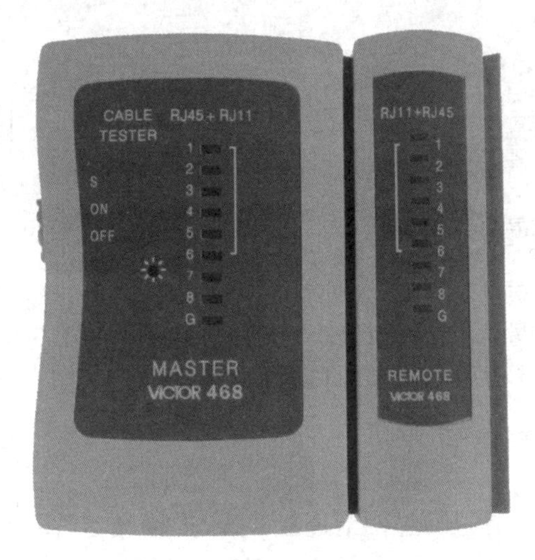

图 1.11 双功能网线测试仪

具体方法是把网线两端的水晶头分别插入测试仪的两个 RJ-45 以太网接口上,开启测试仪电源开关,在正常的情况下,测试仪的 4 个指示灯为绿色,并从上至下依次闪过两次。如果有指示灯为黄色或红色,则证明相应引脚的网线制作不良,有接触不良或者断路现象。此时建议用网线钳再使劲压一次两端的水晶头。如果还不能解决问题,则需要剪断原来的水晶头重新制作。重新制作水晶头时也要注意保持与另一端水晶头的芯线排列顺序一致。

2)交叉双绞线的制作

在双主机和双集线器、交换机通过普通端口进行互联时,则需要采用交叉网线。在直通双绞线制作中,采用的是网线两端水晶头完全一样的芯线排列顺序,而在交叉网线制作中就不能这样,必须进行跳线。可以先按上述方法制作好网线的一端水晶头,然后在制作另一端水晶头时进行跳线。跳线原则是把已制作好的水晶头的第 1 引脚与第 3 引脚交换位置,再把第 2 引脚与第 6 引脚交换位置。图 1.12 所示的为一种交叉网线跳线方法,通常采用 ANSI/EIA/TIA-568B 标准进行跳线。

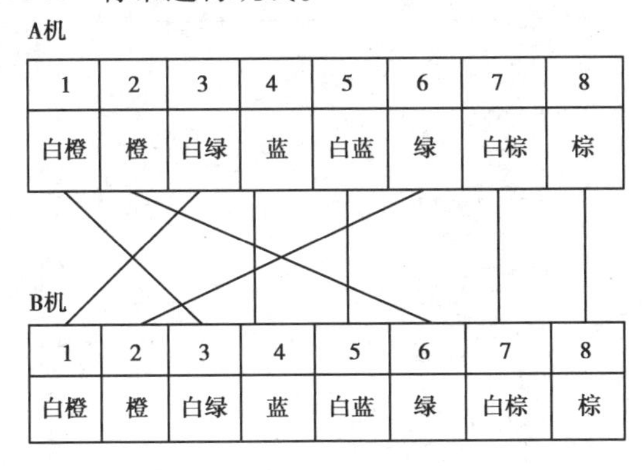

图 1.12 交叉双绞线跳线示例

至于水晶头的哪一脚为第 1 引脚是这样规定的:使水晶头塑料扣位弹片朝上,开口向着自己一方放置,左边第一个金属插针即为第 1 引脚,其他引脚依次向右排列,如图 1.13、图 1.14 所示的分别是水晶头的双绞网线插针顺序和信息模块的引脚顺序,它们是一一对应的。

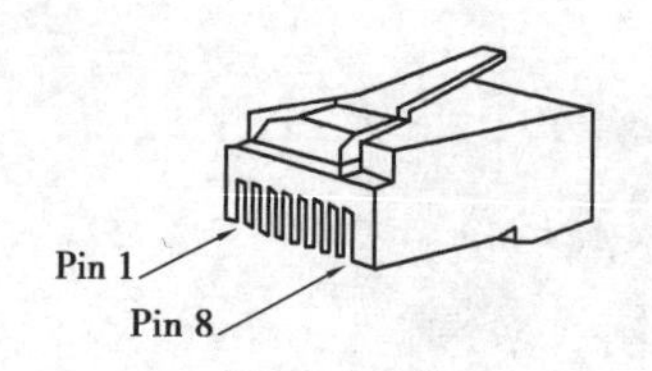

图 1.13　水晶头引脚顺序

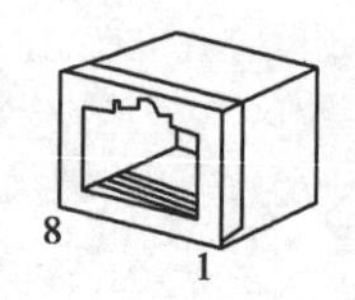

图 1.14　信息模块引脚顺序

交叉双绞网线的测试方法与直通网线的测试方法完全一样,只是指示灯闪过的顺序有些不同。因为在交叉网线中,一端的第 1 引脚与另一端的第 3 引脚,一端的第 2 引脚与另一端的第 6 引脚交换了,所以,指示灯闪过的顺序也为 3、6、1、4、5、2、7、8。

1.3.3　连接硬件

使用双绞线将两台计算机通过网卡连接起来,连接成功后网卡指示灯会亮起。

1.3.4　设置软件

如果多台计算机需要组网共享,或者联机游戏或办公,并且这几台计算机上安装的都是 Windows 7 系统,那么实现起来将非常简单和快捷。因为 Windows 7 系统提供了一项名称为"家庭组"的家庭网络辅助功能,通过该功能可以轻松地实现计算机互联,直接共享文档、照片、音乐等各种资源,还能直接进行局域网联机,也可以对打印机进行更方便的共享。组建家庭局域网的具体操作步骤如下:

1)检查网络硬件设备状态

右击桌面上"计算机"图标,在弹出的快捷菜单中选择"管理"命令,打开"计算机管理"窗口。

选择"计算机管理"窗口左侧的"设备管理器"项,在右侧的"设备管理"区域单击"网络适配器",可查看当前计算机中网卡的情况,如图 1.15 所示的"计算机管理"窗口显示当前计算机安装了一张网卡,正确安装了驱动程序,处于可工作状态。

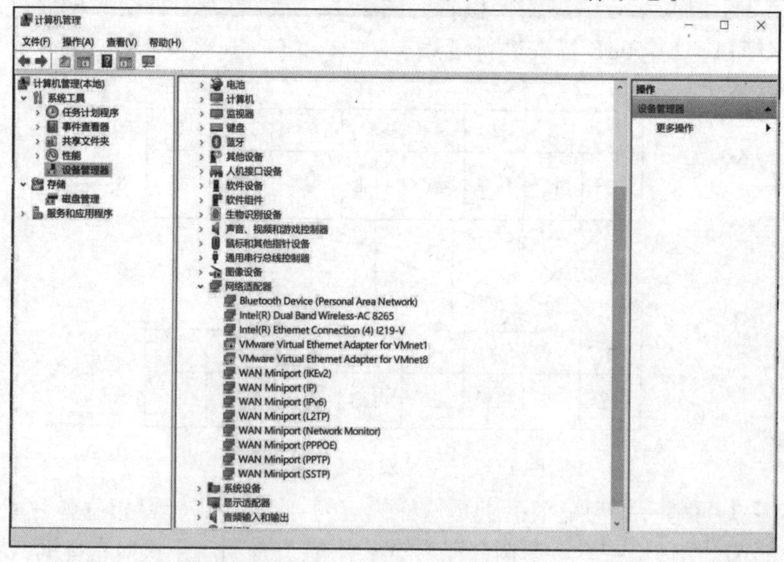

图 1.15　"计算机管理"窗口

2)为网卡配置网络参数

右击桌面上“网络”图标,在弹出的快捷菜单中选择“属性”命令,或者单击任务栏“网络”快捷按钮,选择“打开网络和共享中心”命令,打开“网络和共享中心”窗口,如图1.16所示。

图1.16 “网络和共享中心”窗口

选择“网络和共享中心”窗口左侧的“更改适配器设置”项,在窗口右侧显示了本计算机安装的网卡。选择需要配置网络连接并右击,在弹出的快捷菜单中选择“属性”命令,如图1.17所示。

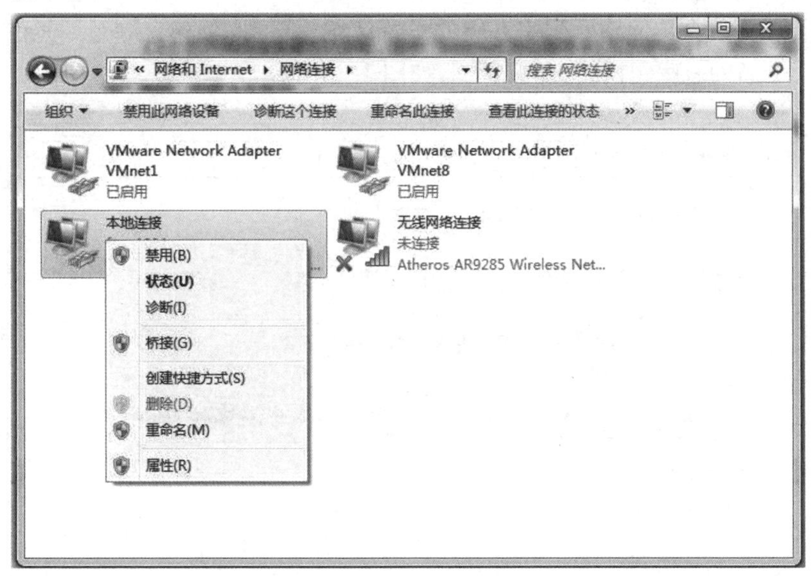

图1.17 本地连接

打开网络连接属性对话框,选中“Internet 协议版本4(TCP/IPv4)”,单击“属性”按钮,如图1.18所示。

在弹出的“Internet 协议版本 4(TCP/IPv4)属性”对话框中,设置 IP 地址、子网掩码、默认网关、DNS 服务器地址等,如图 1.19 所示。

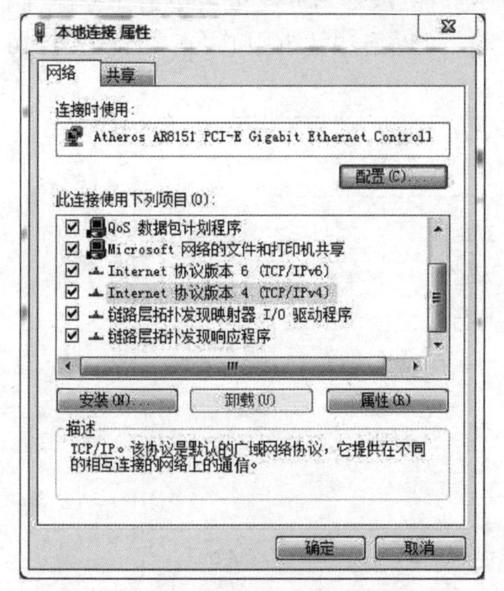

图 1.18 网络连接属性对话框

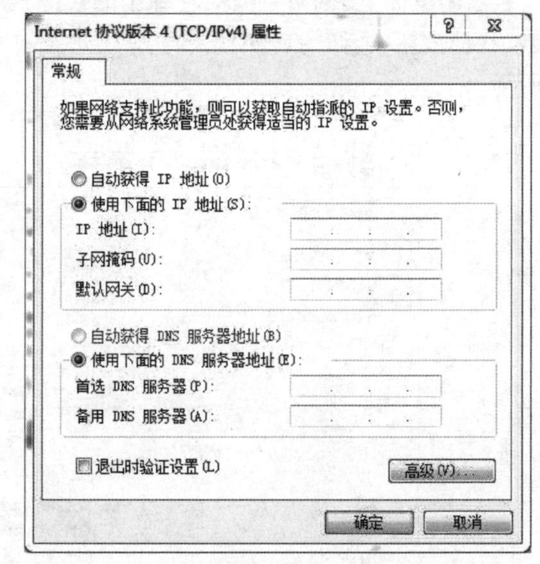

图 1.19 TCP/IPv4 属性

两台计算机要相互通信,需要两台计算机的 IP 地址在同一网段内。例如其中一台计算机 IP 地址为 192.168.1.1,另一台计算机上的 IP 地址为 192.168.1.2,子网掩码栏都为 255.255.255.0,其他保持空白即可。

3)创建家庭组

在 Windows 7 系统中选择“控制面板”→“网络和 Internet”命令,单击“选择家庭组和共享选项”,就可以在界面中看到家庭组的设置区域。单击“创建家庭组”按钮,就可以开始创建一个全新的家庭组网络,即局域网,如图 1.20 所示。

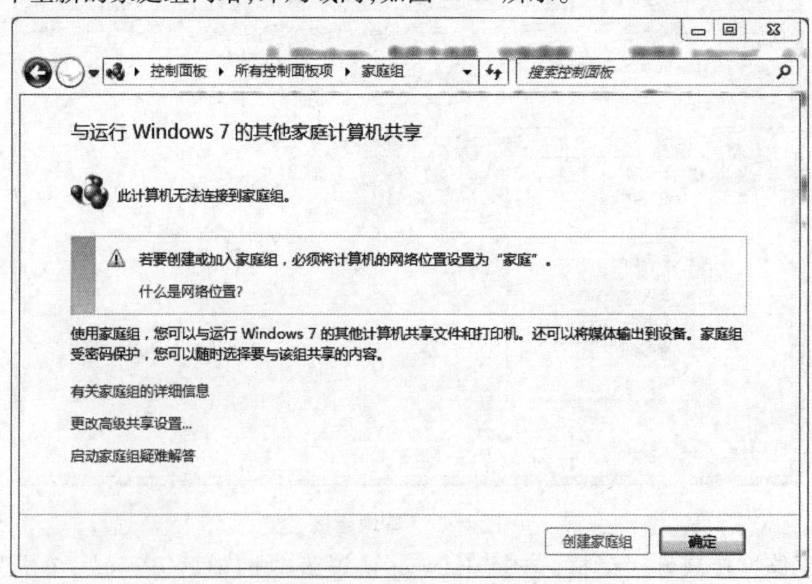

图 1.20 在 Windows 7 系统中创建家庭组

创建家庭组的计算机必须安装 Windows 7 家庭高级版、Windows 7 专业版或 Windows 7 旗舰版。安装 Windows 7 家庭普通版的计算机可以加入家庭网，但不能作为创建网络的主机使用。

提示打开创建家庭网的向导，选择要与家庭网络共享的文件类型，默认共享的内容是图片、音乐、视频、文档和打印机 5 个选项，如图 1.21 所示。除了打印机以外，其他 4 个选项分别对应系统中默认存在的几个共享文件。

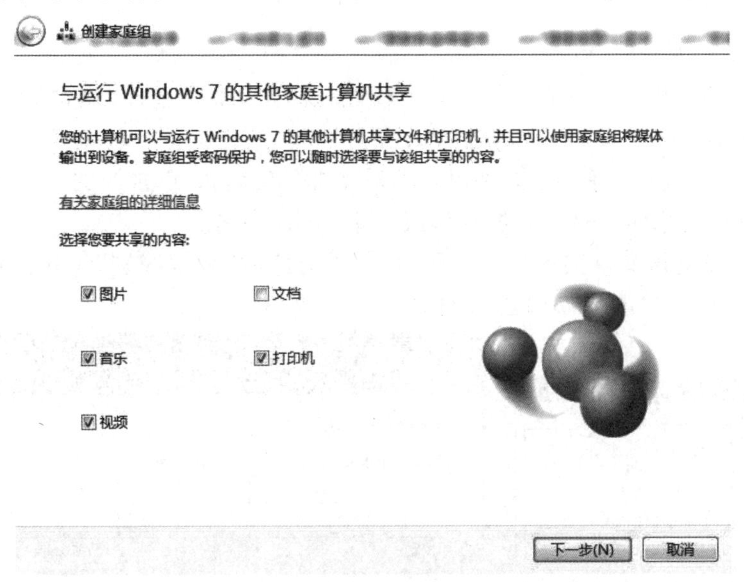

图 1.21 "更改家庭组设置"窗口

单击"下一步"按钮，Windows 7 家庭组创建向导会自动生成一串的密码，其他计算机通过 Windows 7 家庭组连接进来时必须输入此密码串。虽然密码是自动生成的，但也可以在后面的设置中修改成自己熟悉的密码，如图 1.22 所示。

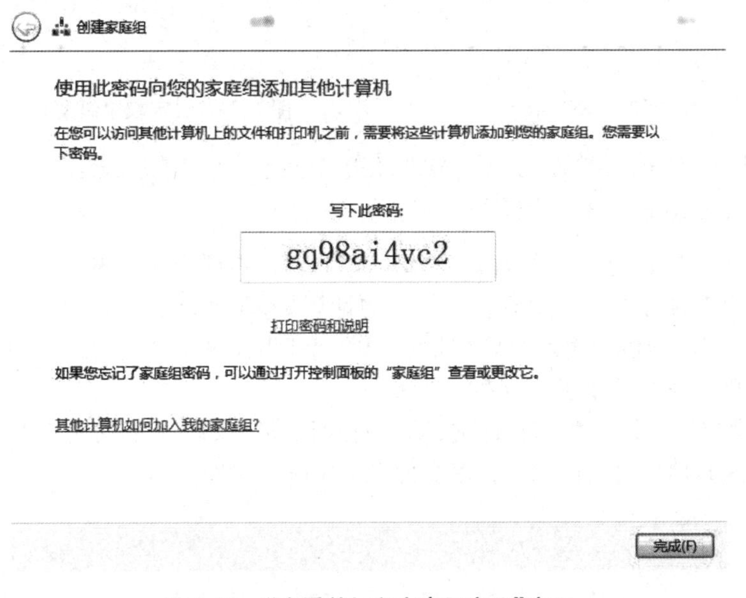

图 1.22 "查看并打印家庭组密码"窗口

单击“完成”按钮,家庭组就创建成功了。返回家庭组中,可以进行一系列相关设置。

1.3.5 实现应用

双机互联网络中最常见的应用是文件共享。在 Windows 中,文件必须放在文件夹中才能被共享访问。

1)设置文件夹的共享

选中要共享的文件夹并右击,在弹出的快捷菜单中依次选择“属性”命令,弹出“属性”对话框,选择“共享”选项卡,如图 1.23 所示。

单击“共享”按钮,弹出“文件共享”对话框,在键入名称处的下拉列表中选择“Everyone”,单击“添加”按钮,添加共享该文件夹的用户名。

如果需要设置该文件夹的用户权限,可单击对应的“权限级别”下拉按钮,设置权限为“读取”“读/写”或“删除”,如图 1.24 所示。

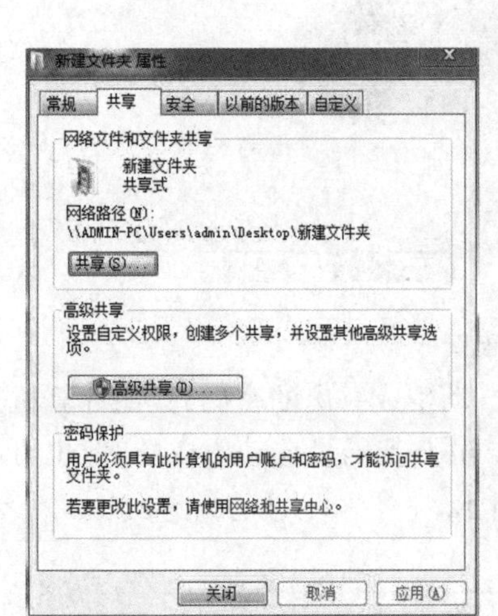

图 1.23 “属性”对话框

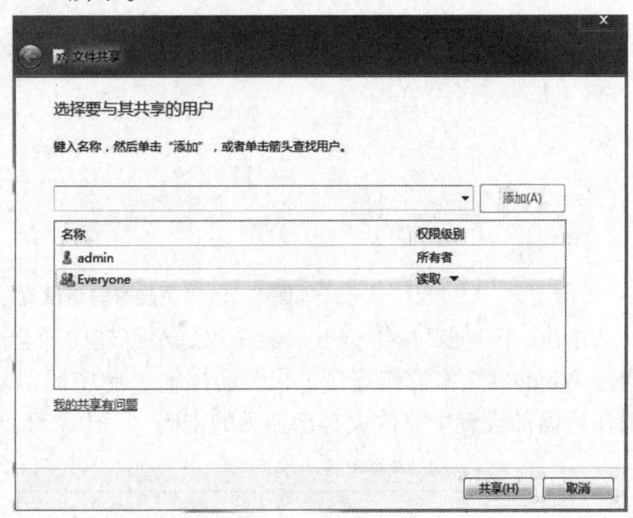

图 1.24 设定权限级别

单击“共享”按钮,再单击“完成”按钮,完成对共享文件夹的设定。

2)使用共享的文件夹

双击桌面上的“网络”图标,打开“网络”窗口,窗口右侧显示联网的计算机名称,如图 1.25 所示。双击含有共享驱动器或文件夹的计算机,即可显示共享的驱动器或文件夹。或者直接在窗口地址栏中输入“\\IP 地址”(IP 地址为共享文件夹所在 PC 的 IP 地址,如 \\192.168.100.110),查看共享文件。

双击该窗口下的某一共享文件夹,即可看到该共享文件夹下的所有共享信息,如图 1.26 所示。这时用户可以访问该共享文件夹下的所有文件。

图 1.25 “网络”窗口

图 1.26 显示共享的文件夹

3)设置打印机共享

打印机是最常用的办公设备之一,下面以打印机为例介绍如何实现局域网内的共享。

选择“开始”→“设备和打印机”命令,打开“设备和打印机”窗口。右击打印机图标,在弹出的快捷菜单中选择“打印机属性”命令,如图 1.27 所示。

在弹出的打印机属性对话框中选择“共享”选项卡,勾选“共享这台打印机”复选框,然后在“共享名”文本框中输入共享的打印机名称,如图1.28所示。

单击“确定”按钮,便完成将该打印机共享的设置。

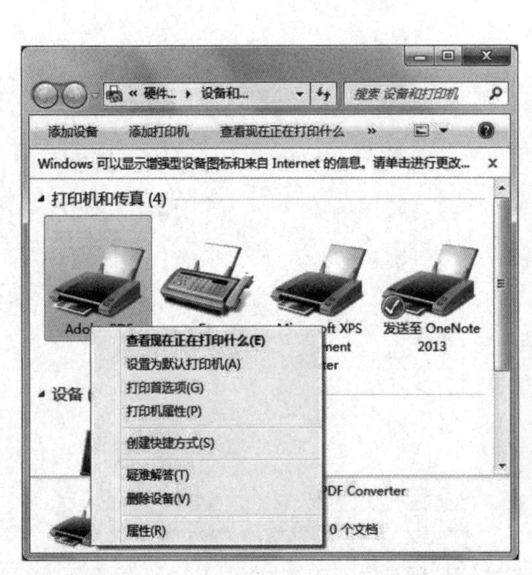

图1.27 “设备和打印机”窗口

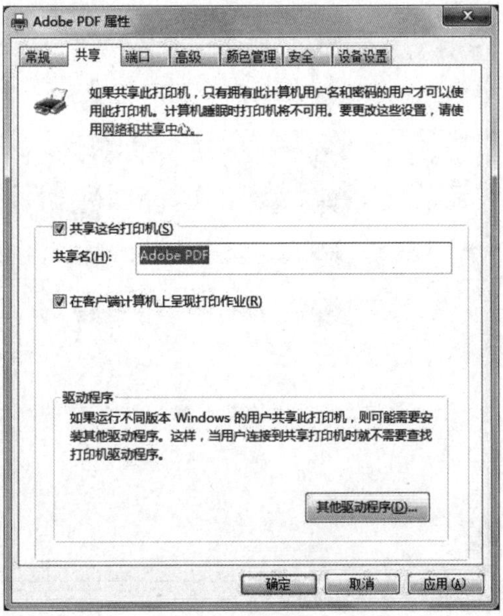

图1.28 打印机属性对话框

4)使用共享的打印机

在其他计算机中添加打印机。在其他需要使用共享打印机的计算机中通过“网上邻居”找到共享了打印机的计算机并打开或者直接在窗口地址栏中输入“\\IP 地址”找到已经共享的打印机,单击右键选择“连接”即可,如图1.29所示。

图1.29 使用共享打印机

查看本地打印机,可以看到里面出现了共享的打印机图标,用鼠标右键单击该图标,将其“设为默认打印机”,即可在本地计算机上顺利完成各种打印操作。

1.4 学习资料

从 1969 年第一个数据包交换网络 ARPANET 的出现到互联网风靡全球,计算机网络正逐渐改变着人类的生活,从网络娱乐到网络办公,计算机网络已经成为现代人生活和工作的重要工具。

1.4.1 计算机网络的基本概念

计算机网络是计算机技术和通信技术紧密结合的产物,如图 1.30 所示。随着计算机网络技术的日新月异,其概念也在不断演变,国际上对计算机网络还没有统一的定义。一般认为,将地理位置不同并具有独立功能的多个计算机系统通过通信设备和线路连接起来,且在网络软件(网络协议、信息交换方式及网络操作系统等)下实现通信和资源共享的系统,称为计算机网络。

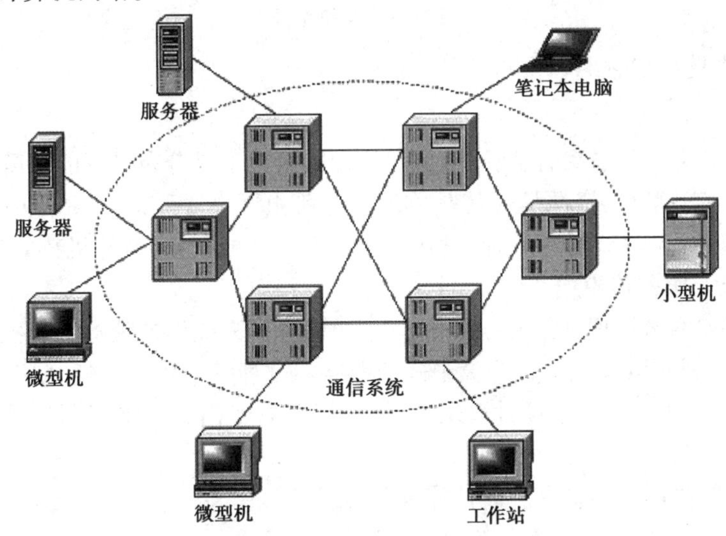

图 1.30 计算机网络示意图

1.4.2 网络的分类

计算机网络可以分为不同的类型,不同类型的网络其物理结构、网络协议、管理要求都有所不同。网络的分类方法有很多,一般可以按照覆盖范围和工作模式来划分。

1)按覆盖范围划分

局域网(Local Area Network,LAN):通常是在一个较小地理范围内存在的网络,一般在一个房间、一栋建筑或一个单位内分布,网络覆盖的区域通常在 1 km^2 以内。网络内的传输速率很高(10 ~ 1 000 Mbit/s)。例如,一个机房、校园网等。

城域网(Metropolitan Area Network,MAN):通常覆盖几百平方千米的范围。

广域网(Wide Area Network,WAN):分布在不同城市、国家或洲的网络,如图 1.31 所示。广域网的覆盖范围通常在几千到几万平方千米。由于广域网中数据传输距离远,线路铺设费用高,因此采用的技术和局域网有很大的差别,传输速率也比较低。例如,中国教育网。

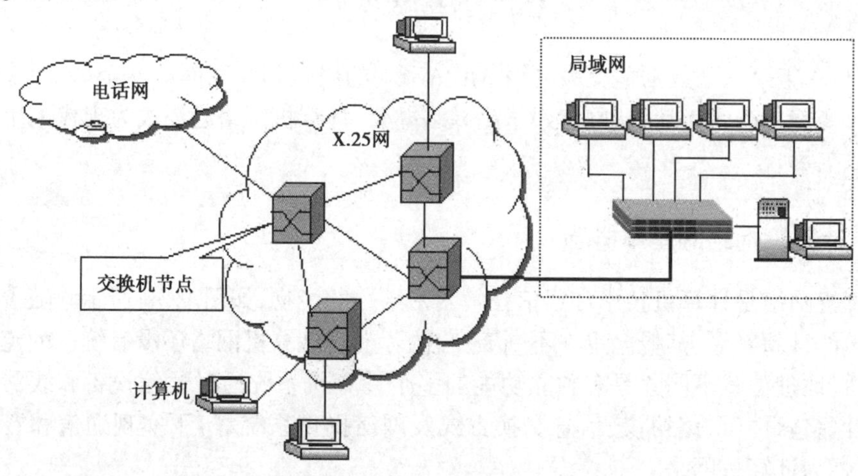

图 1.31　网络范围

2)按工作模式划分

(1)对等网模式

资源分布式存放于各台计算机中,而对资源的管理也是分布进行的。简单地说,就是自己管理自己的计算机,资源是否共享、如何共享都由用户自己决定。这种网络安装容易、成本较低,但容易造成管理上的混乱,适用于家庭或小型办公室等计算机数量较少的网络。

(2)客户机/服务器模式

网络资源和网络管理都集中在服务器上,由服务器来提供各种网络服务,其他计算机都作为客户机,因此该模式也称为集中式的网络。这种模式管理方便、安全性高,适用于较大型的网络,但由于服务器硬件要求高,同时还要有专门的网络管理员,故成本也相对较高。

服务器一般是网络中的高性能计算机,它侦听网络上其他计算机(客户机)提交的服务请求,并提供相应的服务。图 1.32 简单说明了服务器在网络中的位置和作用。

(3)混合式网络

实际的网络中常常不采用单纯的对等式网络或客户机/服务器网络,而是把两者结合起来使用。一般来说都是在网络中由专门的服务器提供网络服务;同时用户也可以把个人计算机上的资源共享给其他计算机。

1.4.3　网络体系结构

计算机网络是由多个互联的结点组成的,结点之间需要不断地交换数据与控制信息。要做到有条不紊地交换数据,每个结点都必须遵守一些事先约定好的规则。这些规则明确地规定了所交换数据的格式和时序。宏观来说,这些为网络数据交换而制订的规则、约定与标准被称为网络协议(Network Protocol)。

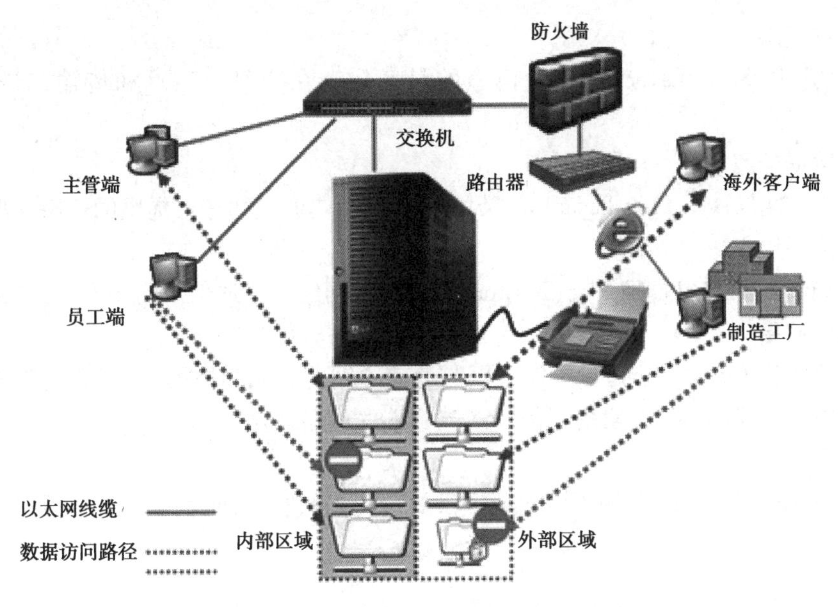

图 1.32 服务器在网络中的位置和作用

在实际的计算机网络中,由于两个计算机实体之间的通信情况非常复杂,为了降低通信协议实现的复杂性,而将整个网络的通信功能划分为多个层次(分层描述),每层各自完成一定的任务,而且功能相对独立,这样实现起来较容易。

网络体系结构(Network Architecture)是指层次结构与协议的集合。它就是把结构与协议组织在一起的有机整体。由于有了网络体系结构的规范,网络开发人员就可以根据协议设计每一层的软件程序或硬件设备。需要指出的是,网络体系结构并不包括实现细节和接口规范,这些都是各个计算机系统设计者需要解决的问题。

目前流行的网络体系结构有 OSI 模型和 TCP/IP 模型。

1)OSI 模型

如图 1.33 所示,OSI 模型包含 7 层,各层功能如下:

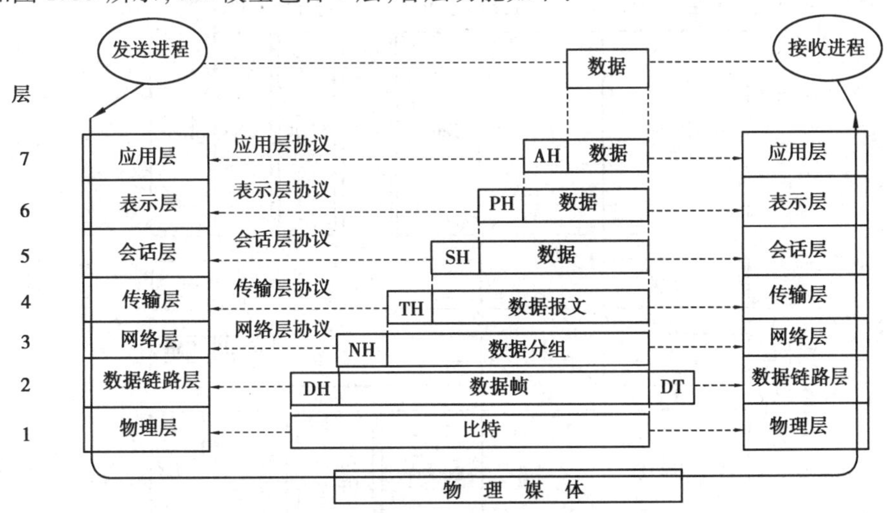

图 1.33 OSI 模型及其数据流向

(1)物理层

物理层(Physical Layer)是参考模型的最底层。在线路上表示和传输二进制“位”信号。

(2)数据链路层

数据链路层(Data Link Layer)是 OSI 的第二层,它通过物理层提供的比特流服务。

(3)网络层

OSI 模型的第三层是网络层(Network Layer)。网络层是通信子网与网络高层的界面。

(4)传输层

传输层(Transport Layer)是资源子网与通信子网的界面和桥梁,负责完成资源子网中两节点间的直接逻辑通信,实现通信子网端到端的可靠运输。

(5)会话层

会话层(Session Layer)利用传输层提供的端到端的服务,向表示层或会话用户提供会话服务。

(6)表示层

表示层(Presentation Layer)主体是标准的例行程序,其工作与用户数据的表示和格式有关,而且与程序所使用的数据结构有关。

(7)应用层

应用层(Application Layer)是 OSI/RM 的最高层,是直接面向用户的一层,是计算机网络与最终用户间的界面,它包含系统管理员管理网络服务涉及的所有基本功能。

2)TCP/IP 模型

TCP/IP 协议是现今网络上最常用的协议,它也采用了层次体系结构,如图 1.34 所示,它所涉及的层次包括网络接口层、传输层、网间网层和应用层。每一层都实现特定的网络功能,其中 TCP 负责提供传输层的服务,IP 协议实现网间网层的功能。这种层次结构系统遵循对等实体通信原则,即 Internet 上两台主机之间传送数据时,都以使用相同功能进行通信为前提,这也是 Internet 上主机之间地位平等的一个体现。

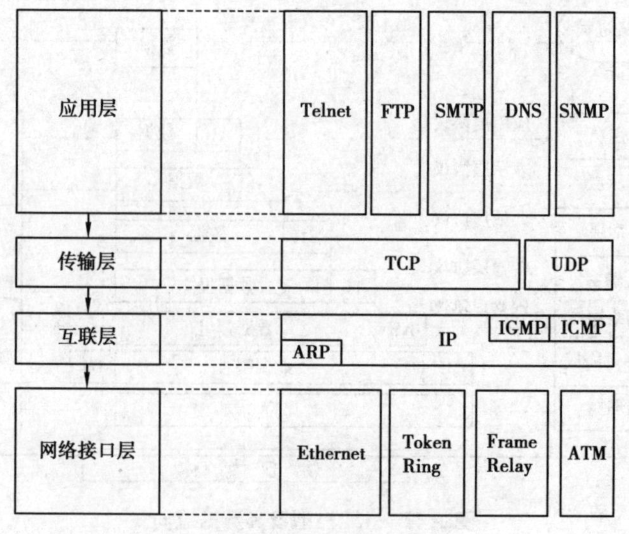

图 1.34　TCP/IP 协议

(1)网络接口层

对应于网络的基本硬件设备。TCP/IP 参考模型没有真正描述这一部分,但是指出主机必须使用某种协议与网络连接,使其能够在其上传输 IP 分组,这个协议没有被定义,并且协议随主机和网络的不同而不同。

(2)网间网层(Internet Layer)

网络接口层只提供了简单的数据流传送服务,而在 Internet 中网络与网络之间的数据传输主要依赖网间网层中的 IP 协议(Internet Protocol)。

(3)传输层

传输层中的 TCP 协议提供了一种可靠的传输方法,解决了 IP 协议的不安全因素,为数据包正确、安全地到达目的地提供了保障。传输层定义了两个端到端的协议:TCP 和 UDP。

①TCP 协议。使用 TCP 协议时,两端主机在传输数据前,首先要通过三次握手,在主机之间建立传输层的连接,然后再传送数据;同时通过确认机制和流量控制等方法来保障数据的正确传送。TCP 协议是面向连接的、可靠的传输协议。

②UDP 协议。传输数据前,不在主机之间建立连接;速度较快,效率较高,适合传送可靠性要求不高的数据。

另外传输层还定义了端口,服务器要对外提供服务的话,就必须打开相应的端口,比如用于网页服务的 80 端口,用于 FTP 服务的 21 端口等。

(4)应用层(Application Layer)

TCP/IP 协议没有会话层和表示层,传输层的上面是应用层,它包含所有的高层协议。

1.4.4 IP 地址

IP 协议是 TCP/IP 协议簇中的一个重要协议,主要是为主机确定 IP 地址。IP 地址就是主机在网络中的身份证号,可以用来在网络中标志主机和判断主机在网络中的相对位置。IP 协议分为 IPv4 和 IPv6 两个版本,现在使用的是 IPv4 版本,IPv6 作为未来的发展方向,正在逐渐成熟。

1)IPv4 地址

(1)IP 地址的表示

IP 地址由 32 位二进制数值组成,即 IP 地址占 4 个字节。为了方便书写,通常用“点分十进制”表示法,其要点是每 8 位二进制数为一组,每组用 1 个十进制数表示(0 ~ 255),每组之间用小数点“.”隔开。例如,二进制数表示的 IP 地址:11001010 0111000000000000 00100100,用“点分十进制”表示即为 202.112.0.36。

(2)IP 地址的分类及构成

IP 地址由类别 ID、网络 ID 和主机 ID 3 个部分组成,如图 1.35 所示。其中,类别 ID 用来标志网络类型,网络 ID 用来标志网络,主机 ID 用来标志在某网络上的主机。

类别ID	网络ID (NetID)	主机ID (HostID)

图 1.35 IP 地址组成

(3)IP 地址分类

IP 地址可分成 5 类:A 类、B 类、C 类、D 类和 E 类。其中,A 类、B 类、C 类地址是用户使用的地址。D 类地址称为组播(Multicast)地址,而 E 类地址尚未使用,以保留给将来的特殊用途。各类 IP 地址的具体定义如图 1.36 所示。

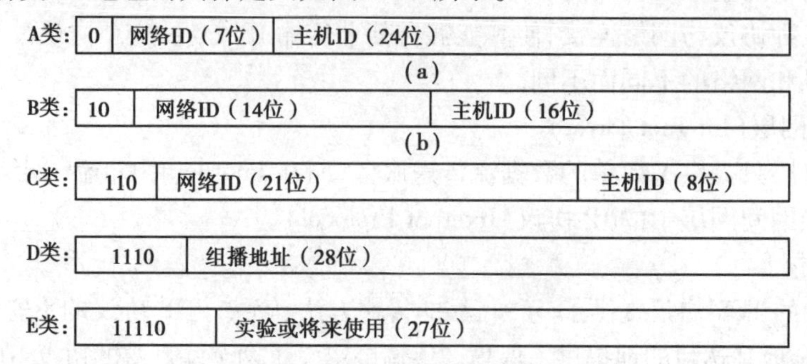

图 1.36　5 类 IP 地址具体定义

(4)特殊的 IP 地址

随着网络的发展,IPv4 协议能够使用的 IP 地址数量已经无法满足网络的需要。因此 IPv4 中规定了一部分保留地址,作为局域网内部使用。保留地址有如下几个网段:

10. *. *. *;127. *. *. *;172.16. *. * 至 172.31. *. * ;192.168. *. *

在网络中还有一些特殊的 IP 地址,代表特定的含义,如表 1.1 所示。

表 1.1　特殊 IP 地址

网络部分	主机部分	地址类型	用途
any	全“0”	网络地址	代表一个网段
any	全“1”	广播地址	特定网段的所有节点
127	any	回环地址	用于回环测试
全“0”		所有网络	通常用于指定默认路由
全“1”		广播地址	本网段所有节点

(5)IP 地址的分配

IP 地址的分配主要有两种方法:静态分配和动态分配。

静态分配:指定固定的 IP 地址,配置操作需要在每台主机上进行。静态分机的缺点是配置和修改工作量大,不便统一管理。

动态分配:自动获取由动态主机配置协议(Dynamic Host Configuration Protocol, DHCP)服务器分配的 IP 地址且 IP 地址不固定。动态分配的优点是配置和修改工作量小,便于统一管理。

此外,在网络设置中,还经常会提到“默认网关”,它是指与主机连在同一个子网的路由器的 IP 地址,也称缺省路由。

IPv4 的设计思想成功地造就了目前的国际互联网,其核心价值体现在:简单、灵活和开放。但随着新应用的不断涌现,传统的 IPv4 协议已经难以支持互联网的进一步扩张和新业务的特性,比如实时应用和服务质量保证等。其不足主要体现在以下几方面:

地址资源即将枯竭:IPv4 提供的 IP 地址位数是 32 位,也即 1 亿个左右的地址。随着连接到 Internet 上的主机数目的迅速增加,所有 IPv4 地址已经分配完毕。

路由表越来越大：由于 IPv4 采用与网络拓扑结构无关的形式来分配地址，因此随着连入网络数目的增长，路由器数目飞速增加，相应地，决定数据传输路由的路由表也就不断增大。

缺乏服务质量保证：IPv4 遵循 Best Effort 原则，这一方面是一个优点，因为它使 IPv4 简单高效；但另一方面它对互联网上涌现出的新业务类型缺乏有效的支持，比如实时和多媒体应用，这些应用要求提供一定的服务质量保证，如带宽、延迟和抖动等。

地址分配不便：IPv4 是采用手工配置的方法来给用户分配地址，这不仅增加了管理和规划的复杂程度，而且不利于为那些需要 IP 移动性的用户提供更好的服务。

由于 IPv4 最大的问题在于网络地址资源有限，因此严重制约了互联网的应用和发展。IPv6 能够解决 IPv4 的许多问题，如地址短缺、缺乏服务质量保证等。同时，IPv6 还对 IPv4 做了大量的改进，包括路由和网络自动配置等。IPv6 和 IPv4 将在过渡期内共存几年，并由 IPv6 渐渐取代 IPv4。IPv6 的使用，不仅能解决网络地址资源数量的问题，而且也解决了多种设备连入互联网的障碍。

2）IPv6 地址

IPv6 的地址长度为 128 位，是 IPv4 地址长度的 4 倍。于是 IPv4"点分十进制"格式不再适用，采用十六进制表示。IPv6 有 3 种表示方法。

（1）冒分十六进制表示法

格式为 X：X：X：X：X：X：X：X，其中每个 X 表示地址中的 16 位，以十六进制表示，例如：

ABCD：EF01：2345：6789：ABCD：EF01：2345：6789

这种表示法中，每个 X 的前导 0 是可以省略的，例如：

2001：0DB8：0000：0023：0008：0800：200C：417A→ 2001：DB8：0：23：8：800：200C：417A

（2）0 位压缩表示法

在某些情况下，一个 IPv6 地址中间可能包含很长的一段 0，可以把连续的一段 0 压缩为"：："。但为保证地址解析的唯一性，地址中"：："只能出现一次，例如：

FF01：0：0：0：0：0：0：1101 → FF01：：1101

0：0：0：0：0：0：0：1 → ：：1

0：0：0：0：0：0：0：0 → ：：

（3）内嵌 IPv4 地址表示法

为了实现 IPv4-IPv6 互通，IPv4 地址会嵌入 IPv6 地址中，此时地址常表示为：X：X：X：X：X：X：d. d. d. d，前 96 位采用"冒分十六进制"表示，而最后 32 位地址则使用 IPv4 的"点分十进制"表示，例如：：：192. 168. 0. 1 与：：FFFF：192. 168. 0. 1 就是两个典型的例子，注意在前 96 位中，压缩 0 位的方法依旧适用。

1.4.5 子网掩码

在 Internet 中，每台主机的 IP 地址由网络 ID（含网络类别）和主机 ID 两部分组成，为了使计算机能自动地从 IP 地址中分离出相应的网络 ID，需要专门定义一个网络掩码（Subnet Mask，也称子网屏蔽码）。TCP/IP 网络的主机在通信时就是通过子网掩码来判断彼此是否属于同一个子网。

IPv4 子网掩码也是一个 32 位的二进制数,分别对应于 IP 地址中的 32 位二进制数,同样采用“点分十进制”表示。在子网掩码中,用二进制位“1”对应 IP 地址中的网络 ID 部分,用二进制位“0”对应 IP 地址中的主机 ID 部分。一般情况下,A,B,C 三类 IP 地址的子网掩码默认值分别为 255.0.0.0,255.255.0.0 和 255.255.255.0。

子网掩码技术拓宽了 IP 地址的网络 ID 部分的表示范围,主要用于以下方面:屏蔽 IP 地址的一部分,以区分网络 ID 和主机 ID;说明 IP 地址是在本地局域网上,还是在远程网上。

1.4.6 传输介质

网络传输介质就好像一条条高速公路,把各个网络和网络中的设备连接在一起。常见的网络传输介质有双绞线、光纤和无线电波等。

1)双绞线

双绞线是综合布线工程中最常用的一种传输介质。双绞线采用了一对互相绝缘的金属导线互相绞合的方式来抵御一部分外界电磁波干扰,更主要的是降低自身信号的对外干扰。把两根绝缘的铜导线按一定密度互相绞合在一起,可以降低信号干扰的程度,每一根导线在传输中辐射的电波会被另一根线上发出的电波抵消。“双绞线”的名字也由此而来。

双绞线分为屏蔽双绞线(Shielded Twisted Pair,STP)与非屏蔽双绞线(Unshielded Twisted Pair,UTP),如图 1.37 所示。屏蔽双绞线在双绞线与外层绝缘封套之间有一个金属层蔽层。屏蔽层可减少辐射,防止信息被窃听,也可阻止外部电磁干扰的进入,使屏蔽双绞线比同类的非屏蔽双绞线具有更高的传输速率,相应的价格也较贵。非屏蔽双绞线是一种数据传输线,由 4 对不同颜色的传输线所组成,广泛应用于以太网络和电话线中。

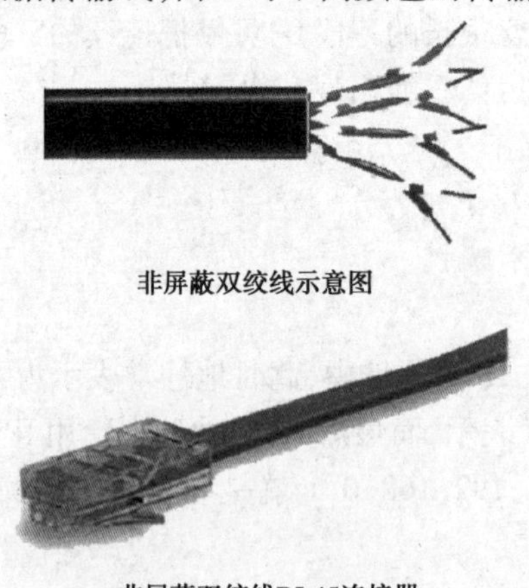

非屏蔽双绞线示意图

非屏蔽双绞线RJ-45连接器

屏蔽双绞线

图 1.37　双绞线

双绞线的传输距离一般不超过 100 m,实际连接时,交换机与机柜需要跳线连接,主机与信息插座也需要跳线连接,所以要求跳线的长度都不超过 5 m,固定布线的长度不超过 90 m,中间不能有过多的转接。

双绞线按电气性能划分,通常分为三类、四类、五类、超五类、六类双绞线等类型。数字越大,版本越新,技术越先进,带宽也越宽。目前三类、四类线在市场上几乎没有了,在一般局域网中常见的是五类、超五类或者六类非屏蔽双绞线。几种非屏蔽双绞线的性能参数见表1.2。

表1.2 UTP的主要性能参数

UTP类别	最高工作频率/MHz	最高数据传输速率/(Mbit·s^{-1})	主要用途
三类	16	10	10Base-T的网络
四类	20	16	10Base-T的网络
五类	100	100	10Base-T和100Base-T的网络
超五类	100	155	10Base-T,10Base-T和1 000 Mbit/s的网络
六类	250	250	1 000 Mbit/s的网络

双绞线的色标和排列方法是由统一的国际标准严格规定的,通常是采用ANSI/EIA/TIA-568B和ANSI/EIA/TIA-568A标准,568B标准的线序从左到右依次是:橙白—1,橙—2,绿白—3,蓝—4,蓝白—5,绿—6,棕白—7,棕—8。568A标准的线序从左到右依次是:绿白—1,绿—2,橙白—3,蓝—4,蓝白—5,橙—6,棕白—7,棕—8。不使用标准线序的网线虽然能够连通,但可能干扰较严重,不稳定,无法判断问题。所以不能使用非标准的线序。

2)光纤

光纤是光导纤维的简称,是一种由玻璃或塑料制成的纤维,可作为光传导工具。光纤的传输原理是利用"光的全反射"来传输数据,如图1.38所示。其特点是传输距离远,速度快,不受电磁干扰,不易被窃听,安全性高。然而光纤是很脆弱的,铺设所需的费用很高,维护费用也高,所以通常用于网络的干线或连接服务器。

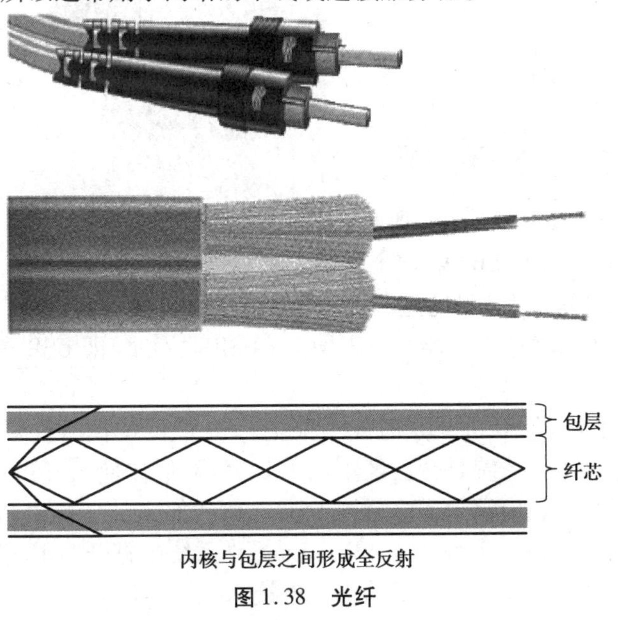

图1.38 光纤

3)无线传输

无线传输通常是指采用无线电波、红外线、微波、激光等介质进行网络连接。无线组网简单灵活,移动方便,但受限于传输距离和传输速率。无线网络是未来网络的一个发展方向,现在很多家庭和企业已经组建了自己的无线局域网。

1.5 拓展训练

1.5.1 使用USB口互联

与通过串口、并口的方法连接两台机器相比,用USB线缆连接两台机器的速度更快,而且安装和设置也更加简单,由于USB可以热插拔,因此使用非常简单方便。

用USB线进行家庭双机互联只需要购买一条专用的USB联网线即可,如图1.39所示。这种USB联网线和平常只能用来完成文件传输的USB直连线是不一样的,千万不要搞混了,如果直接用普通的USB线连接会烧坏USB接口甚至主板,因为双机USB互联需要通过芯片来进行协议转换。

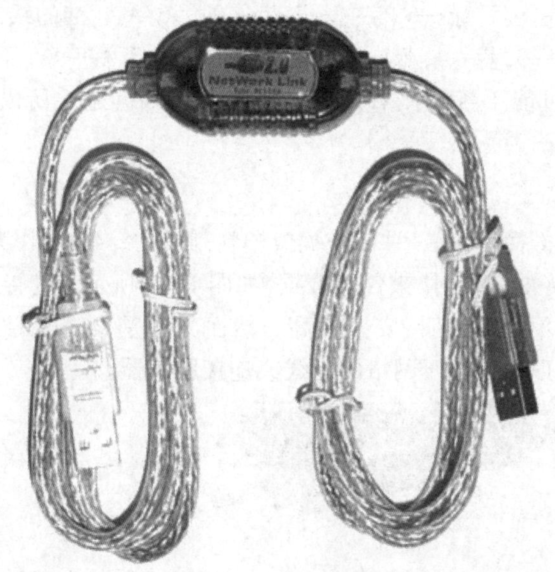

图1.39 USB联网线

市场上还有另外一种USB线,样子看起来跟USB联网线一模一样,中间也有个"包",但却不带网络协议处理芯片,只能进行文件复制,习惯上称为联机线(或对拷线)。需要区分USB联机线(用于联机但不能共享上网)与USB联网线(即USB虚拟网卡,可联机可共享上网)的区别。

使用USB联网线进行双机互联时先不要把USB联网线插入计算机,首先安装USB联网线的驱动程序。不管系统是否已经集成了USB驱动,要使用USB联网线都需要另外安装驱动程序。安装完相应驱动程序后把USB联网线插入计算机中,系统会报告找到新硬件,选择"自动安装软件",完成后在Windows操作系统中打开"网络连接",此时多了一个名为"USB Virtual Network Adapter"的虚拟连接,如图1.40所示。

图 1.40 “USB Virtual Network Adapter”虚拟连接

对此连接的 TCP/IP 协议进行设置,按照上面“使用网卡双绞线直连方案”中设置 IP 地址的方式把两台机器的 IP 地址设置在同一网段内,这样两台机器便可以实现相互通信了。其共享文件的操作跟普通局域网一样,也可以用 ICS 等软件实现共享上网功能。

1.5.2 使用 IEEE1394 口互联

IEEE1394 即“Firewire 火线”接口,也可用来联网。使用 IEEE1394 实现网络连接也需要购买一条专用的连接线,如图 1.41 所示。IEEE1394 端子有 6 针和 4 针两种接口,只需选择与计算机 IEEE1394 接口匹配的线缆即可。此外,如果计算机上没有 IEEE1394 插口,那么还需要购买一块 IEEE1394 适配卡。

图 1.41 IEEE 1394 连接线

先将 1394 连接线分别连接到计算机的 1394 接口或 IEEE1394 适配卡的接口上;然后分别检查两台计算机“设备管理器”中的“1394 网络适配器”和“1394 控制器”是否存在,一般来讲 Windows 会自动识别 IEEE1394 并为其安装好驱动;再分别检查两台计算机“网络连接”中的“1394 连接”是否已启用,并配置好。按照上面“使用网卡双绞线直连方案”中设置 IP 地址的方式在“1394 连接”的 TCP/IP 属性中把两台机器的 IP 地址设置在同一网段内。

IEEE1394 联网同样具有热插拔功能,其连接速度较快,目前 IEEE1394 规格支持最高 400 Mbit/s 的数据传输率,但其连接配件比较贵,连接距离短(限于其线缆长度及成本一般不会超过 3 m)。

1.6 巩固练习

一、选择题

1. 双绞线由两根具有绝缘保护层的铜导线按一定密度互相绞在一起组成,这样可以(　　)。

A. 降低信号干扰的程度　　B. 降低成本

C. 提高传输速度　　D. 没有任何作用

2. 一座大楼内的一个计算机网络系统,属于(　　)。

A. PAN　　B. LAN　　C. MAN　　D. WAN

3. 如果局域网络中有一台计算机的 IP 地址为 192.168.1.1,则该机要发送广播信息给该网络中的每一台主机,应使用的地址为(　　)。

A. 192.168.1.1　　B. 192.168.1.0　　C. 192.168.1.255　　D. 255.255.255.0

4. 按 IP 地址分类看,168.192.0.1 属于(　　)类地址。

A. A 类　　B. B 类　　C. C 类　　D. D 类

5. 当一台主机从一个网络移到另一个网络时,以下说法正确的是(　　)。

A. 必须改变它的 IP 地址和 MAC 地址

B. 必须改变它的 IP 地址,但不需改动 MAC 地址

C. 必须改变它的 MAC 地址,但不需改动 IP 地址

D. MAC 地址,IP 地址都不需改动

6. 可以实现两台机器联成局域网的网络硬件是(　　)。

A. 两根级联线+hub　　B. 一根级联线+两块网卡

C. 一根网线+两块网卡　　D. 两块网卡+hub

7. 世界上最大的计算机网络被称为(　　)。

A. OICQ　　B. INTERNET　　C. WWW　　D. CERNET

8. 最早出现的计算机网是(　　)。

A. Internet　　B. Bitnet　　C. Arpanet　　D. Ethernet

9. IPv4 中地址是用(　　)二进制位数表示的。

A. 32　　B. 128　　C. 64　　D. 256

10. 下列说法中错误的是(　　)。

A. TCP 协议可以提供可靠的数据流传输服务

B. TCP 协议可以提供面向连接的数据流传输服务

C. TCP 协议可以提供全双工的数据流传输服务

D. TCP 协议可以提供面向非连接的数据流传输服务

11. 10Base-T 以太网采用(　　)作为传输介质。

A. 粗缆　　B. 细缆　　C. 双绞线　　D. 光纤

二、填空题

1. TCP/IP 协议簇的主要两个协议是________和________。

2. 一般把网络按照覆盖的范围分为三类:________、________、________。

3. EIA-568B 的排线顺序是________、________、________、________、________、________、________、________。

4. 双绞线可以分为________、________两类，平时使用较多的是________。

三、问答题

1. 双机互联的方式有哪些？

2. 画出 OSI 和 TCP/IP 参考模型的层次模型。

3. 已知网络地址为 211.134.12.0，要求划分 4 个子网，求子网掩码及主机块。

四、实操题

1. 参照本章内容制作一根六类双绞线。

2. 使用 USB 口连接两台计算机并拍制过程视频。

项目2　组建家庭网络

2.1　项目描述

随着网络的发展以及人们生活水平的不断提高，家庭办公、娱乐出现了逐渐增长的趋势，很多家庭都拥有了两台或两台以上的计算机，越来越多的年轻人选择成为 SOHO (Small Office & Home Office，小型办公室和家里办公室）一族，特别是在家庭装修的时候，家庭网络的组建成为人们关注的热点。同样在大学校园宿舍内，学生自己组建局域网实现上网和资源共享也成为需求。你作为网络工程师该如何实现此需求？

2.2　需求分析

一般来讲，一个家庭网络，有如下一些特点：接入的计算机数量很少，一般在 1 ~4 台；房间较小，布线长度较短；家庭网络注意应用共享文件，上网浏览 Internet；家庭成员的网络技术参差不齐，大家都希望打开计算机网络就能满足自己的一切应用需求，也就是说使用家庭网络要简单、方便；网络建设成本越低越好，共享一个账号上网；另外网络布线要尽量美观，最好不要破坏房间原有的结构。

综合上述一些特点，在进行家庭网络组建时可以从以下几点考虑：

①在房屋进行装修时，进行提前规划确定网络的拓扑结构，预留网络接口。

②确定组网类型和组网设备，为了方便共享，上网推荐使用无线路由器，特别是已装修好的房屋可以考虑组建无线局域网。

③对有线网络在选择线缆时可以选择超五类非屏蔽双绞线，它与屏蔽双绞线相比便宜而且容易安装，留有升级到千兆网络的余地。

④在设备选择上，产品的性价比、稳定性要高。

2.3　典型工作环节

组网模式分有线和无线两种，选择无线网络，自然可以省去布线的麻烦。无线路由器以易使用、易管理、零维护的优点成为家庭内 Internet 共享接入的首选设备之一，它不仅可以解决布线问题，在实现有线网络所有功能的同时，还可以实现多种设备共享上网。

2.3.1　确定拓扑结构

家庭无线局域网组网方案中最简单、最方便的即是以无线路由器为中心构建星型网络，其网络拓扑结构如图 2.1 所示。而且大多数无线路由器包括四个端口的以太网转换器，可以连接几台有线的 PC，这样通过有线和无线的结合可以实现多台机器共享资源，共享 Internet 连接。

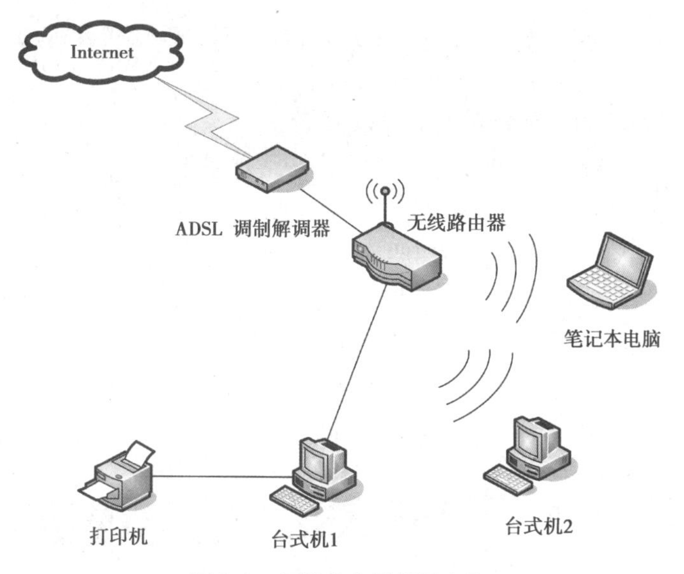

图 2.1 无线路由器组网方案

在配置前,用户首先需要购置一个无线路由器以及几条五类双绞网线。

2.3.2 连接硬件

根据入户宽带线路的不同,分为电话线、光纤、网线三种接入方式。用户需要将前端上网的宽带线连接到路由器的 WAN 口,上网计算机连接到路由器的 LAN 口上,如图 2.2 所示。宽带线一定要连接到路由器的 WAN 口上。WAN 口与另外 4 个 LAN 口一般颜色有所不同,且端口下方有 WAN 标识,请仔细确认。计算机连接到路由器 1/2/3/4 任意一个 LAN 口。

线路连好后,路由器的 WAN 口和有线连接计算机的 LAN 口对应的指示灯都会常亮或闪烁。如果相应端口的指示灯不亮或计算机的网络图标显示红色的叉,则表明线路连接有问题,请检查网线连接是否牢固或尝试换一根网线。

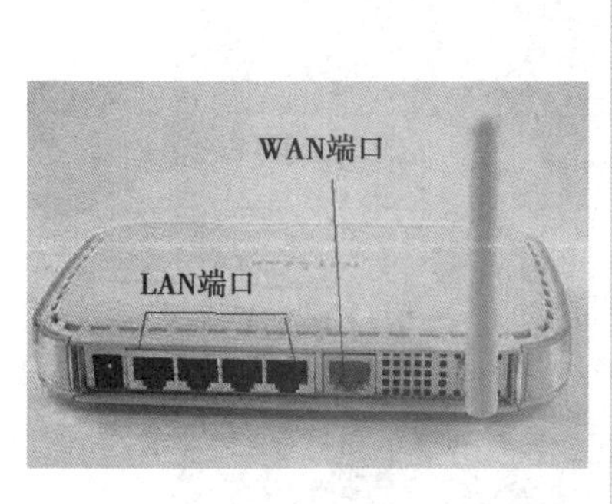

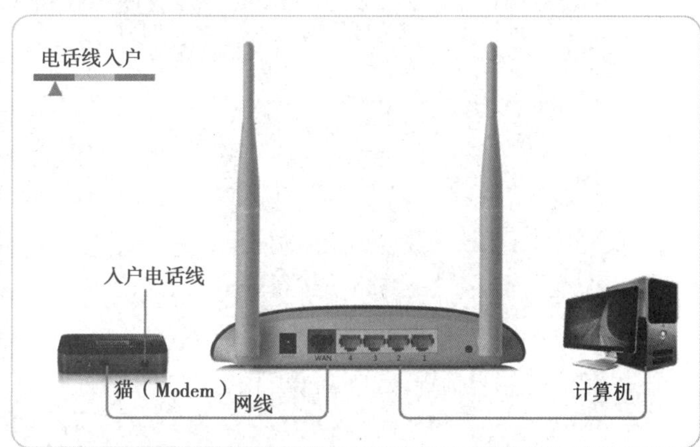

图 2.2 无线路由器连接

WAN 端口:广域网端口,提供有线的 XDSL Modem/CABLE Modem 或以太网接口。

LAN 端口:4 个局域网端口,用于有线连接计算机或者以太网设备,如集线器、交换机和路由器。

Power 端口:电源插孔,提供接插电源适配器。

2.3.3 设置路由器

下面以 TP-LINK 路由器为例介绍路由器的配置。由于无线路由器的生产厂家不同,每个品牌路由器的设置可能略有不同,但基本的方法是一致的。要获得更加详细的设置说明,可以浏览无线路由器的使用说明书或生产厂家的主页。

①打开浏览器,清空地址栏并输入 tplogin. cn(部分较早期的路由器管理地址是 192. 168. 1. 1),并在弹出的窗口中设置路由器的登录密码(密码长度在 6 ~ 15 位区间)。该密码用于以后管理路由器(登录界面),请妥善保管,如图 2. 3 所示。

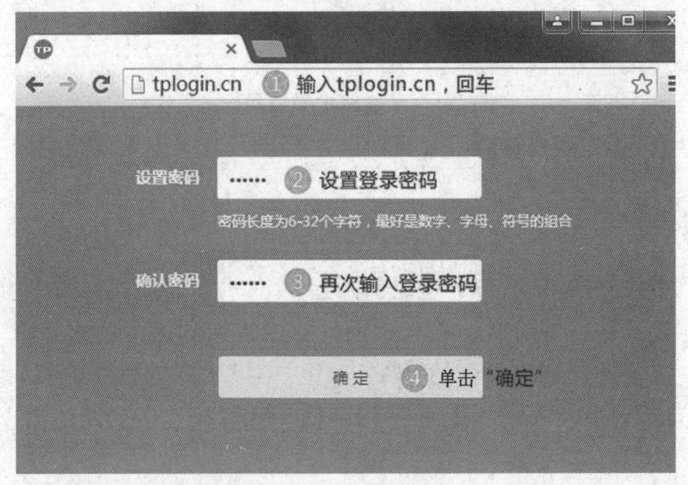

图 2. 3　登录路由器

②登录成功后,路由器会自动检测上网方式,如图 2. 4 所示。

图 2. 4　检测上网方式

③根据检测到的上网方式，填写该上网方式的对应参数，多数用户上不了网是因为输入了错误的用户名和密码，请仔细检查输入的宽带用户名和密码是否正确，注意区分中英文、字母的大小写、后缀是否完整等，如图2.5所示。如果不确认，可以咨询宽带运营商。

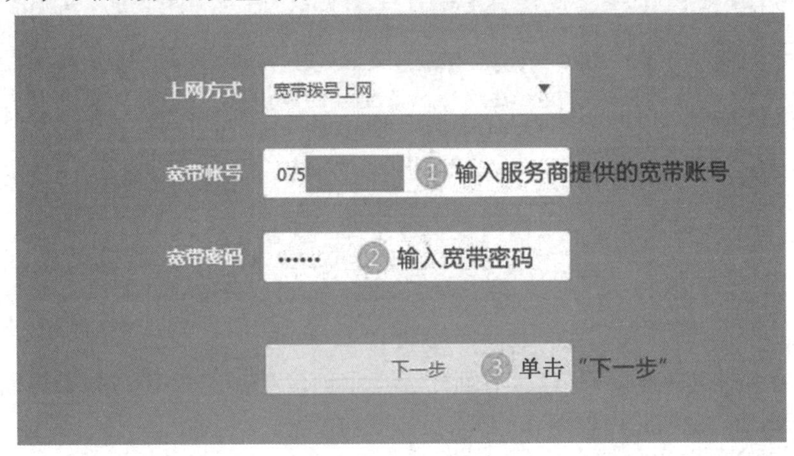

图2.5 填写上网参数

④设置无线名称和密码，如图2.6所示。

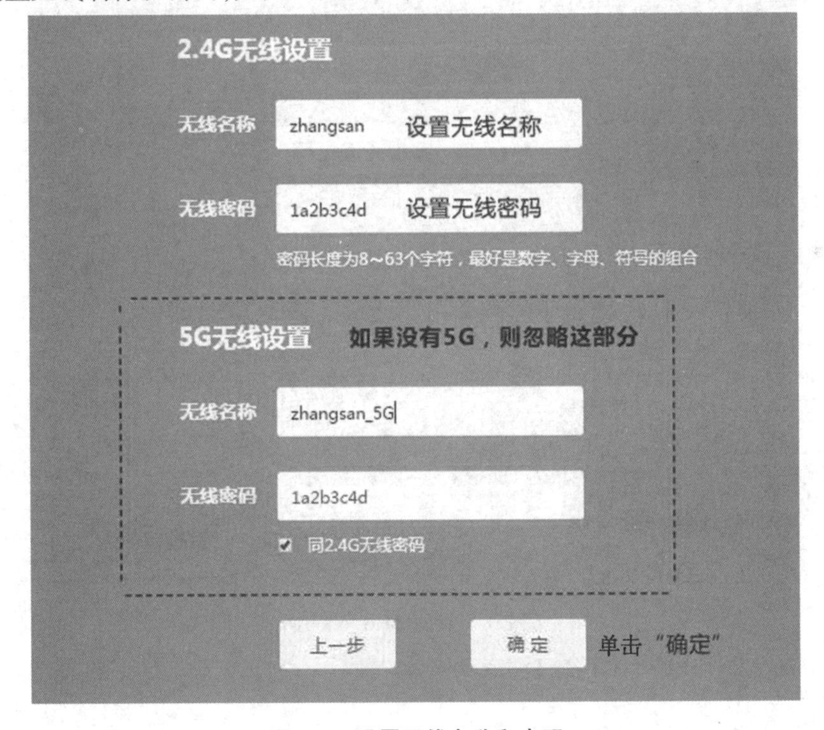

图2.6 设置无线名称和密码

无线名称建议设置为字母或数字，尽量不要使用中文、特殊字符，避免部分无线客户端不支持中文或特殊字符而导致搜索不到或无法连接。

TP-LINK路由器默认的无线信号名称为"TP-LINK_××××"，且没有密码。

为确保您的网络安全，建议一定要设置无线密码，防止他人非法蹭网。

⑤创建TP-LINK ID。TP-LINK ID是用来将路由器连接到云服务器，实现在线升级、

应用安装、远程管理等功能的管理 ID。可以选择创建免费的 TP-LINK ID,也可以单击右上角的“跳过”,如图 2.7 所示。

图 2.7　创建 TP-LINK ID

注意:路由器成功连接网络后,界面才会提示创建 TP-LINK ID。如果界面没有提示创建 TP-LINK ID,说明路由器 WAN 口未拨号成功。

根据提示输入手机号码,并设置 TP-LINK ID 的登录密码,如图 2.8 所示。

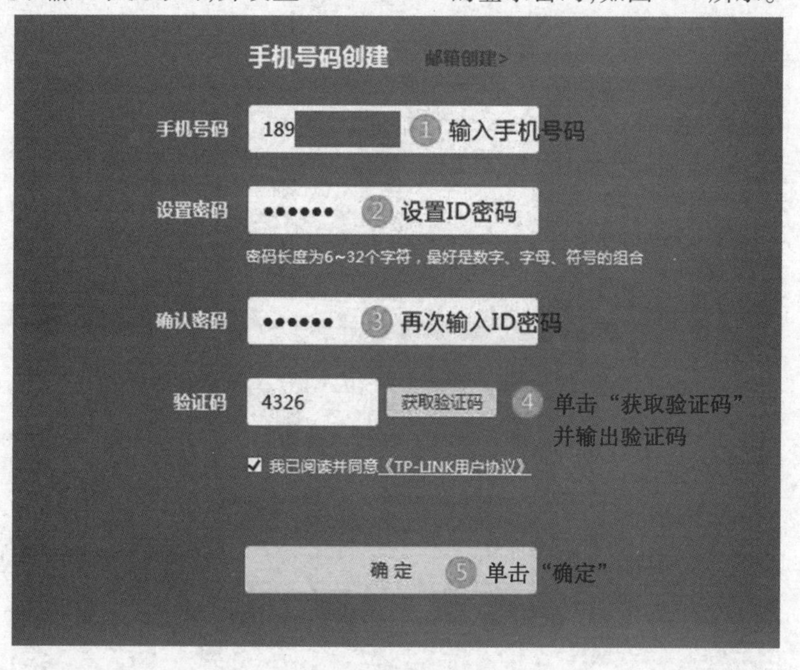

图 2.8　设置 TP-LINK ID

创建好之后,TP-LINK ID 会自动成功登录。

2.3.4　连接设备

路由器设置完成,计算机可以打开网页尝试上网了。如果还有其他台式机、网络电视等有线设备想上网,将设备用网线连接到路由器 1/2/3/4 任意一个空闲的 LAN 端口,就可以直接上网。

注意:计算机请设置为“自动获得 IP 地址”和“自动获得 DNS 服务器地址”。

2.3.5　连接无线网络

在现实生活中,手机等移动设备经常需要使用无线网络连接上网,其设置也非常简单,仅需要在无线网络(无线局域网)连接中选择要连接的无线网络,根据提示输入密码即可连接上网,如图2.9所示。

如需要对使用的无线网络进行管理,打开“网络和Internet”选择“管理无线网络”,打开界面,可以进行添加、删除、移动等操作,如图2.10所示。

图2.9　无线网络

图2.10　管理无线网络

2.4　学习资料

2.4.1　常见有线网络设备

如果说传输介质是高速公路,网络连接设备就是一个个的交通枢纽,负责数据的接收和转发。常见的局域网设备包括网卡、交换机和路由器等。

1)网卡

网卡(Network Interface Card,NIC)也被称为网络适配器,是计算机和传输介质连接的接口,是数据进出计算机的通道。网卡也有不同的分类,通常按速率分为10 Mbit/s、100 Mbit/s、1 000 Mbit/s等。现在计算机上最常用的是PCI总线的网卡,也有专门用于笔记本电脑的PCMCIA总线网卡,还有支持热插拔的USB接口网卡。根据所接的传输介质,网卡可以分为双绞线网卡、光纤网卡和无线网卡等,如图2.11所示。

服务器上的网卡,可以选用针对服务器而设计的网卡,例如64位网卡、自带CPU的网卡、有容错功能的网卡,以提高网卡的吞吐能力,增强服务器的性能。

PCI接口的无线网卡

PCMCIA接口的无线网卡

USB接口的无线网卡

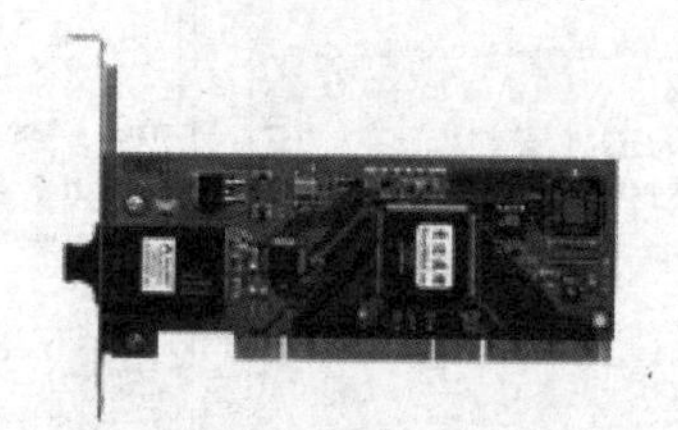

光纤网卡

图 2.11　网卡

所有的网卡都有一个物理地址，称为 MAC 地址，由 48 位二进制数组成。MAC 地址分为两部分，前 24 位是生产厂家的编号（由电气与电子工程师协会 IEEE 统一分配），后 24 位是厂家对网卡的编号。网卡的 MAC 地址是全球唯一的，任意两块网卡的 MAC 地址都不会相同。MAC 地址是局域网中重要的网络标识。

2）中继器

中继器（Repeater）用于延伸同型局域网，如图 2.12 所示。它在物理层连接两个网，并在两个网络间传递信息，起到信号放大、整形和传输的作用。当局域网物理距离超过了允许的范围时，可用中继器将该局域网的范围进行延伸。很多网络都限制了工作站之间加入中继器的数目，例如在以太网中最多使用 4 个中继器。

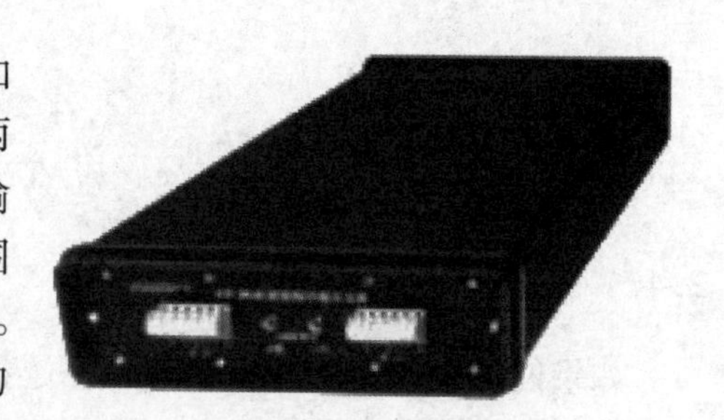

图 2.12　中继器

3）集线器

集线器（Hub）是局域网中计算机和服务器的连接设备，是局域网的星型连接点，如图 2.13 所示。星型网络中每个工作站用双绞线连接到集线器上，由集线器对工作站进行集中管理。数据从一个网络站发送到集线器后，被中继到集线器中的其他所有端口，供网络上每位用户使用。独立型集线器通常是最便宜的集线器，最适合小型独立的工作小组、部门或者办公室。集线器型号、类型很多，选择集线器主要从端口数（8 口、16 口或 24 口），速度（10 Mbit/s、100 Mbit/s）等角度考虑。随着技术的进步，集线器已经渐渐地退出了市场。

图 2.13　集线器

4）交换机

在局域网中，交换机作为一个中间设备，用来互联其他设备或计算机，如图 2.14 所示。交换机工作在数据链路层，通过 MAC 地址和端口的映射表来实现数据快速交换。因此交换机所接的计算机可以独享网络的带宽；交换机隔离了冲突域，交换机的每一个端口就是一个小的冲突域。

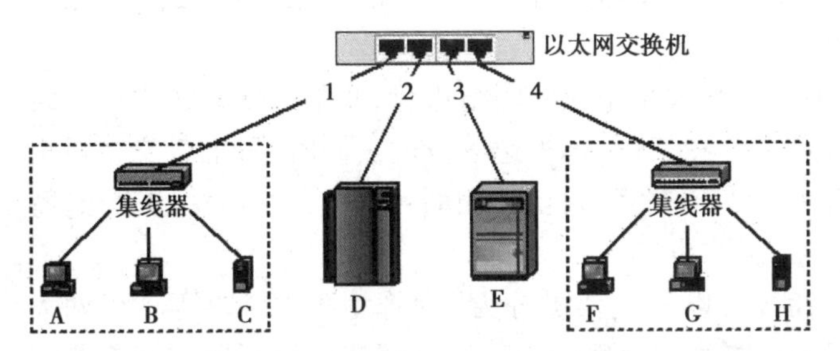

地址映射表		
端口	MAC地址	计时
1	00-30-80-7C-F1-21（A）	…
1	52-54-4C-19-3D-03（B）	…
1	00-50-BA-27-5D-A1（C）	…
2	00-D0-09-F0-33-71（D）	…
4	00-00-B4-BF-1B-77（F）	…
4	00-E0-4C-49-21-25（H）	…

图 2.14　交换机

从广义上来看，网络交换机分为两种：广域网交换机和局域网交换机。广域网交换机主要应用于电信领域，提供通信用的基础平台；而局域网交换机则应用于局域网络，用于连接终端设备，如服务器、工作站、集线器、路由器、网络打印机等网络设备，提供高速独立通信通道，这也是我们常见的交换机，本书后面用的交换机指的就是局域网交换机。

根据交换机使用的网络传输介质及传输速度的不同，一般可以将局域网交换机分为以太网交换机、快速以太网交换机、千兆（G 位）以太网交换机、10 千兆（10G 位）以太网交换机、FDDI 交换机、ATM 交换机和令牌环交换机等。

交换机从规模应用上又可分为企业级交换机、部门级交换机和工作组交换机等。各厂商划分的尺度并不是完全一致的，一般来讲，企业级交换机都是机架式；部门级交换机可以是机架式（插槽数较少），也可以是固定配置式；而工作组级交换机为固定配置式（功能较为简单）。另一方面，从应用的规模来看，作为骨干交换机，支持 500 个信息点以上大型企业应用的交换机为企业级交换机；支持 300 个信息点以下中型企业的交换机为部门级交换机；而支持 100 个信息点以内的交换机为工作组级交换机。

按交换机的端口结构来分，交换机大致可分为固定端口交换机和模块化交换机两种。

固定端口的交换机顾名思义就是它所带有的端口是固定的，如果是 8 端口的，就只能有 8 个端口，再不能添加；16 个端口也就只能有 16 个端口，不能再扩展。目前这种固定端口的交换机比较常见，端口数量没有明确的规定，一般的端口标准是 8 端口、16 端口和 24 端口。

模块化交换机就是配备了多个空闲的插槽，用户可任意选择不同数量、不同速率和不同接口类型的模块，以适应千变万化的网络需求的交换机。模块化交换机的端口数量取决于模块的数量和插槽的数量。在模块化交换机中,为用户预留了不同数量的空余插槽,以方便用户扩充各种接口,预留的插槽越多,用户扩充的余地就越大,一般来说,模块交换机的插槽数量不能低于两个。

一般来说,企业级交换机应考虑其扩充性、兼容性和排错性,因此,应当选用模块化交换机以获取更多的端口。模块化交换机虽然在价格上要贵很多,但拥有更大的灵活性和可扩充性,用户可任意选择不同数量、不同速率和不同接口类型的模块,以适应千变万化的网络需求。

按照交换机是否可堆叠,可以将交换机分为“可堆叠的”和“非可堆叠的”的两种类型。所谓可堆叠交换机,就是指一个交换机中一般同时具有“UP”和“DOWN”堆叠端口。当多个交换机连接在一起时,其作用就像一个模块化交换机一样,堆叠在一起交换机可以当作一个单元设备来进行管理。一般情况下,当有多个交换机堆叠时,其中存在一个可管理交换机,利用可管理交换机可对此可堆叠式交换机中的其他“独立型交换机”进行管理。

可堆叠交换机主要应用于中小企业和大型企业的网络边缘,非常方便地实现对网络的扩充,主要是企业局域网升级改造,网络扩容整体提速等方面。同时,可堆叠交换机由于具有部署迅速、价值良好、可伸缩以及易于管理等优点,因而目前得到了广泛的应用,特别是在电子商务中应用尤为流行。

按交换机是否支持网络管理功能,可以将交换机分为“网管型”和“非网管型”两大类。非网管型交换机是不能被管理的,这里的管理是指通过管理端口执行监控交换机端口、划分 VLAN、设置 Trunk 端口等管理功能。而网管型交换机则可以被管理,它具有端口监控、划分 VLAN 等许多普通交换机不具备的特性。

除了传统的二层交换机,现在网络中还出现了三层交换机、四层交换机等。三层交换机是直接根据第三层网络层 IP 地址来完成端到端的数据交换的,简单来说就相当于是二层交换器与路由器的合二而一。

四层交换机基于传输层数据包的交换过程,是一类基于 TCP/IP 协议应用层的用户应用交换需求的新型局域网交换机。第四层交换机支持 TCP/UDP 第四层以下的所有协议,可识别至少 80 个字节的数据包包头长度,可根据 TCP/UDP 端口号来区分数据包的应用类型,从而实现应用层的访问控制和服务质量保证。四层交换机是一类以软件技术为主,以硬件技术为辅的网络管理交换设备。

5)路由器

路由器(Router),如图 2.15 所示,用于连接网络层、数据层、物理层执行不同协议的网络,协议的转换由路由器完成,从而消除了网络层协议之间的差别。路由器适用于连接复杂的大型网络。路由器的互联能力强,可以执行复杂的路由选择算法,处理的信息量比网桥多,但处理速度比网桥慢。

传统的二层交换机虽然隔离了冲突域,但没有隔离广播域;同时不同网段的计算机也不能通过二层交换机直接互联。

路由器是广域网的一种主要设备,如图 2.16 所示,在局域网中可以使用路由器连接不同的网络,路由器在局域网中通常处于边缘位置,一般作为局域网的网关,路由器可以隔离广播域。

图 2.15 路由器

网络2
网络1
网络4
网络3
A
B
C
D

图 2.16 路由器的位置

6) 网桥

网桥(Bridge)可以将两个相似的网络连接起来,并对网络数据的流通进行管理,如图 2.17 所示。它工作于数据链路层,根据 MAC 地址来转发帧,不但能扩展网络的距离或范围,而且可提高网络的性能、可靠性和安全性。网桥可以是专门硬件设备,也可以由计算机加装的网桥软件来实现。

图 2.17 网桥

7) 网关

网关(Gateway)又称网间连接器、协议转换器。网关在传输层上以实现网络互联,是最复杂的网络互联设备,仅用于两个高层协议不同的网络互联,如图 2.18 所示。网关的结构也和路由器类似,不同的是互联层。网关既可以用于广域网互联,也可以用于局域网互联。网关是一种充当转换重任的计算机系统或设备。在使用不同的通信协议、数据格式或语言,甚至体系结构完全不同的两种系统之间,网关是一个翻译器。与网桥只是简单地传达信息不同,网关对收到的信息要重新打包,以适应目的系统的需求。同时,网关也可以提供过滤和安全功能。大多数网关运行在 OSI 7 层协议的顶层——应用层。

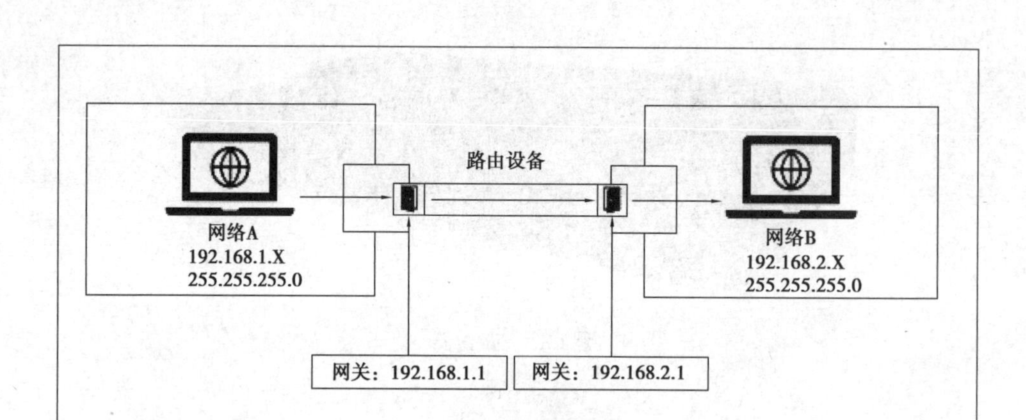

图 2.18　网关工作示意图

网络连接元件的选购要根据设计好的网络的实际情况进行,并且留有一定的升级空间。网络布线不易移动,应当尽量选择质量好的材料。而网络硬件设备则不一定要选最新最好的,一是因为使用最新技术的设备虽然性能较好,但目前还无法使用其高性能;二是从性价比的角度考虑,花钱少且性能稳定的普通设备可能不比所谓新技术产品在整体性能上差。

2.4.2　常见无线网络设备

1)无线 AP

图 2.19　无线 AP

AP 为 Access Point 的简称,一般翻译为“无线访问节点”,它主要是提供无线工作站对有线局域网和从有线局域网对无线工作站的访问,在访问接入点覆盖范围内的无线工作站可以通过它进行相互通信,如图 2.19 所示。通俗地讲,无线 AP 是无线网和有线网之间沟通的桥梁,无线 AP 相当于一个无线交换机,接在有线交换机或路由器上,为跟它连接的无线网卡从路由器那里分得 IP。由于无线 AP 的覆盖范围是一个向外扩散的圆形区域,因此,应当尽量把无线 AP 放置在无线网络的中心位置,而且各无线客户端与无线 AP 的直线距离最好不要超过 30 m,以避免因通信信号衰减过多而通信失败。

2)无线路由器

无线路由器是单纯型 AP 与宽带路由器的一种结合体,如图 2.20 所示。它借助路由器功能,可实现家庭无线网络中的 Internet 连接共享,实现 ADSL 或小区宽带的无线共享接入,另外,无线路由器可以把通过它进行无线和有线连接的终端都分配到一个子网,这样子网内的各种设备交换数据就非常方便。

3)无线网卡

它是终端的无线网络设备,是在无线局域网的信号覆盖下,通过无线连接网络进行上网而使用的无线终端设备。具体来说,无线网卡就是使计算机(台式机和笔记本电脑)可以利用无线信号来上网的一个网卡。

无线网卡的分类：

一种是笔记本电脑内置的 MiniPCI 无线网卡(也称“迅驰”无线模块)，如图 2.21 所示。目前这种无线网卡主要以 Intel 公司的“迅驰”模块为主(如 Intel PRO/无线 2100 网卡)，很多笔记本电脑厂商也有自己的无线模块。“迅驰”等笔记本电脑均使用这种内置型无线网卡。

图 2.20　无线路由器

图 2.21　MiniPCI 无线网卡

另一种是台式机专用的 PCI 接口无线网卡，如图 2.22 所示。PCI 接口的无线网卡插在台式机主板的 PCI 插槽上实现台式机的无线上网，无须外置电源，节省空间和系统资源，可以充分利用现有的计算机。

还有一种是“非迅驰”笔记本电脑专用的 PCMICA 接口网卡，如图 2.23 所示。PCMCIA 无线网卡造价比较低，比较适合“非迅驰”笔记本用户，但随着笔记本电脑的发展，相信以后的笔记本电脑都会预装 MiniPCI 无线网卡。

图 2.22　PCI 接口无线网卡

图 2.23　PCMICA 接口无线网卡

最后一种是 USB 接口的无线网卡，如图 2.24 所示。这种网卡不管是台式机用户还是笔记本电脑用户，只要安装了驱动程序，都可以使用。在选择时需要注意的是，只有采用 USB2.0 接口的无线网卡才能满足 802.11g 无线产品或 802.11g+无线产品的需求。

4)无线上网卡

无线上网卡是目前无线广域通信网络应用广泛的上网介质,它可以在拥有无线电话信号覆盖的任何地方,利用手机的SIM卡连接到互联网上,如图2.25所示。它的国内支持网络是中国移动推出的GPRS和中国联通(现已为中国电信所有)推出的CDMA 1X等。无线上网卡主要应用在笔记本上和PDA(掌上电脑)上,还有部分应用在台式机上,所以,其接口也有多种规格。常见的接口主要有PCMCIA接口、USB接口、EXPRESS34接口、EXPRESS54接口、CF接口等几类。

图2.24　USB接口无线网卡　　图2.25　USB接口无线上网卡

2.5　拓展训练

无线对等网是指无线网卡+无线网卡组成的局域网,不需要安装无线AP或无线路由器,即点对点(Point to Point)网络,也称为Ad-Hoc模式。该无线组网方式的原理是每个安装无线网卡的计算机相当于一个虚拟AP(软AP),即类似于一个无线基站。在无线网卡信号覆盖范围内,两个基站之间可以进行信息交互,既是工作站又是服务器。

1)拓扑结构

网络拓扑结构如图2.26所示。现在很多学生都拥有笔记本电脑,既有有线网卡又有无线网卡。选择采用此方案,一方面节省了购买网线的费用,另一方面又增加了灵活性。

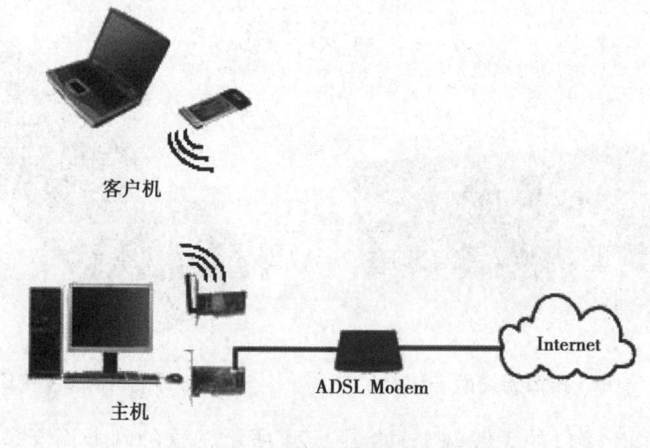

图2.26　网络拓扑结构示意图

2)硬件装配

采用对等网组网方式,需要准备的硬件很简单,只要为每台计算机安装一块无线网卡即可,网卡的接口类型不限。如果要实现共享上网,需要选择一台计算机作为主机,提供Internet 接入。此外,需要准备并安装一块普通的以太网网卡,让主机可以与 Internet 连接,比如 ADSL、小区宽带等连接。

首先,在主机分别安装无线网卡和以太网网卡,无线网卡用于与客户端无线网卡进行网络通信。接着将以太网网卡连接到 Internet。

3)软件设置

下面以 Windows 7 为例,就主机设置介绍组建无线对等网并共享宽带需要进行的操作。

在主机中进行相关的网络设置,一般在安装完无线网卡后,Windows 7 会自动完成配置。

第一步:打开"网络和共享中心",选择"设置新的连接或网络",如图 2.27 所示。

图 2.27 网络和共享中心

第二步:在"设置连接或网络"界面选择"设置无线临时(计算机到计算机)网络",如图 2.28 所示,单击"下一步",设置无线安全选项,如图 2.29 所示。

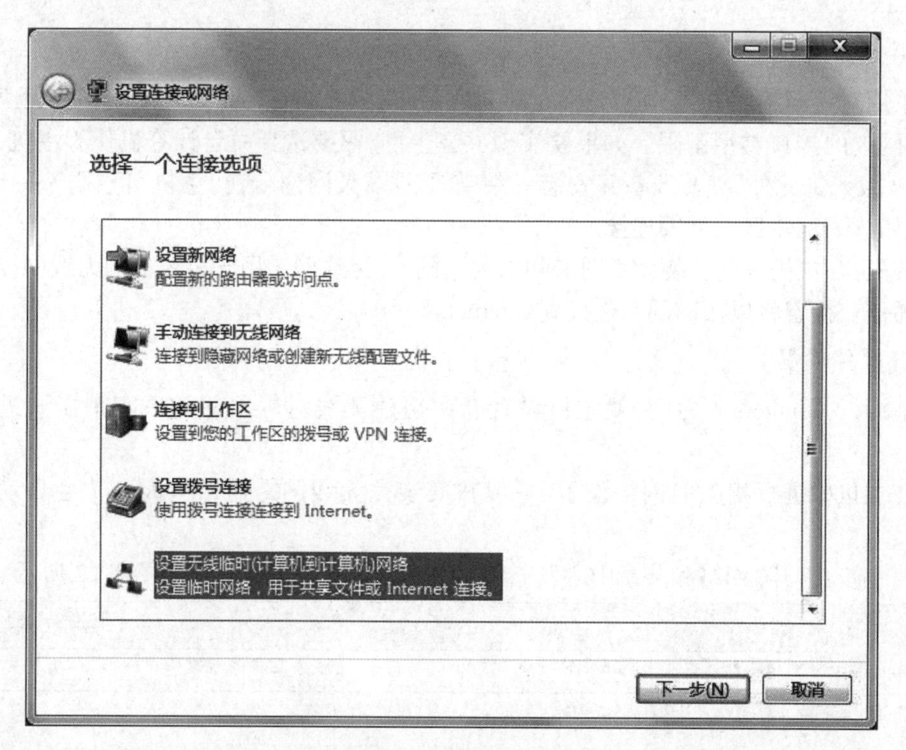

图 2.28　设置连接或网络

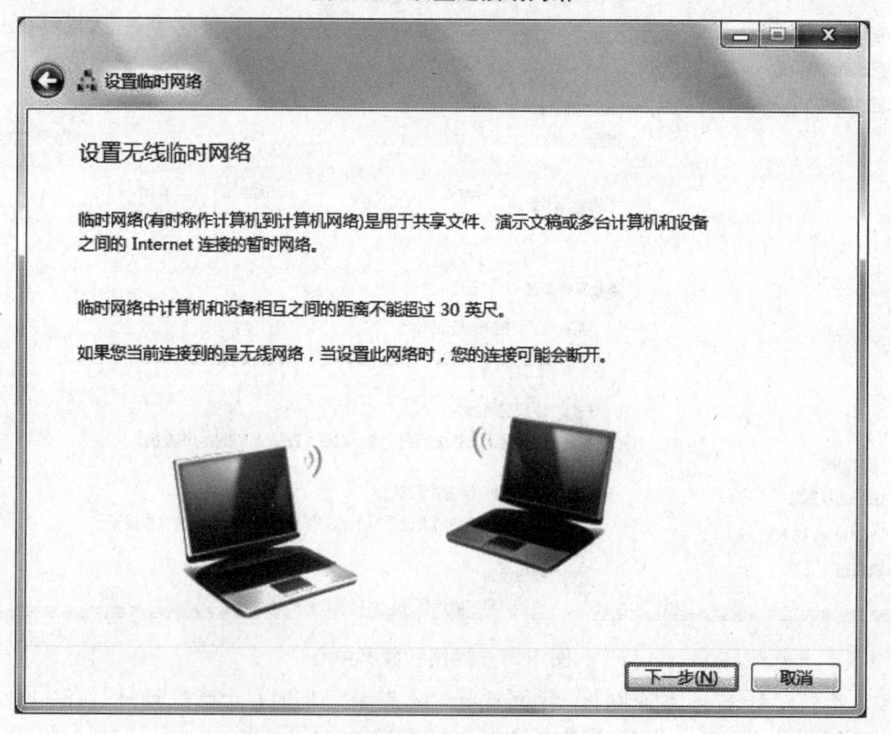

图 2.29　设置临时网络

第三步:因为是相当于要将本机设置为无线 AP,所以要先指定一下 ESSID 号,也即无线网络标识,用于和其他局域网区分。这里可以设置密码,也就是说其他 Wi-Fi 节点想要加入此 AP 必须输入密码，填写好“网络名”，选择“安全类型”，设置安全密钥，单击“下一步”，如图 2.30 所示。

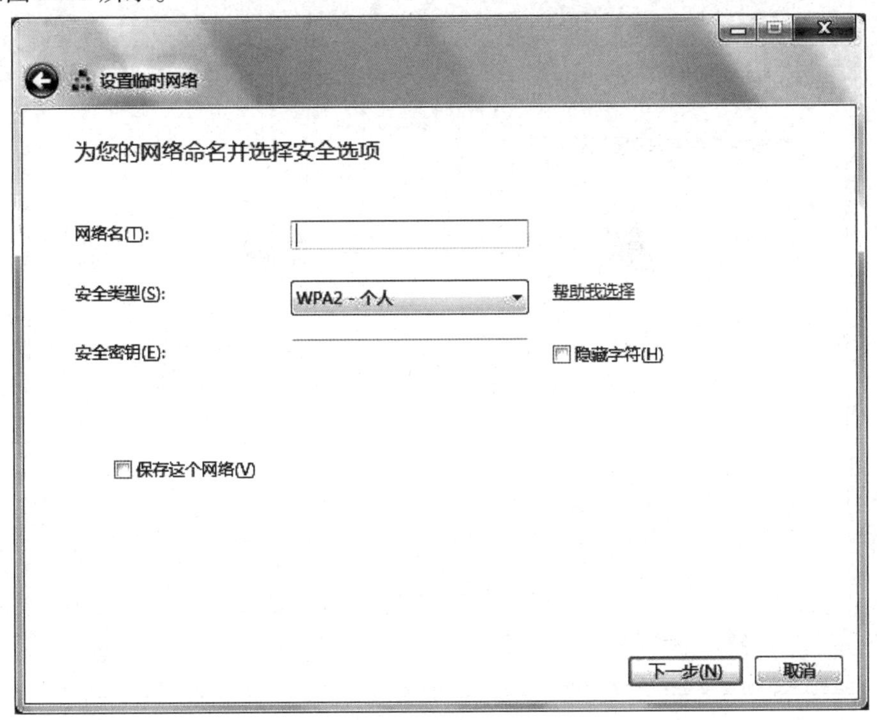

图 2.30 设置临时网络参数

第四步：对等网络设置完成，如图 2.31 所示。可以等待其他计算机用无线接入本计算机，如图 2.32 所示。

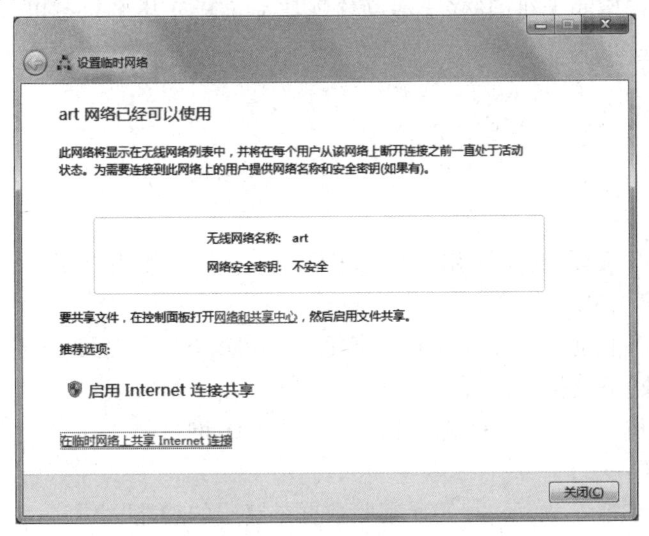

图 2.31 设置完成

图 2.32 无线网络连接

第五步：在图 2.31 中单击“启用 Internet 连接共享”，Windows 7 将自动连接 Internet 的有线网络，设置为共享连接 ICS。设置完成后，如图 2.33 所示。

也可以在“网络连接”中右键单击要共享的连接，然后依次单击“属性”，“共享”选项卡,“允许其他网络用户通过此计算机的 Internet 连接来连接”复选框,来实现 Internet 连接共享。注意:如果只有一个网络连接,则“共享”选项卡将不可用。

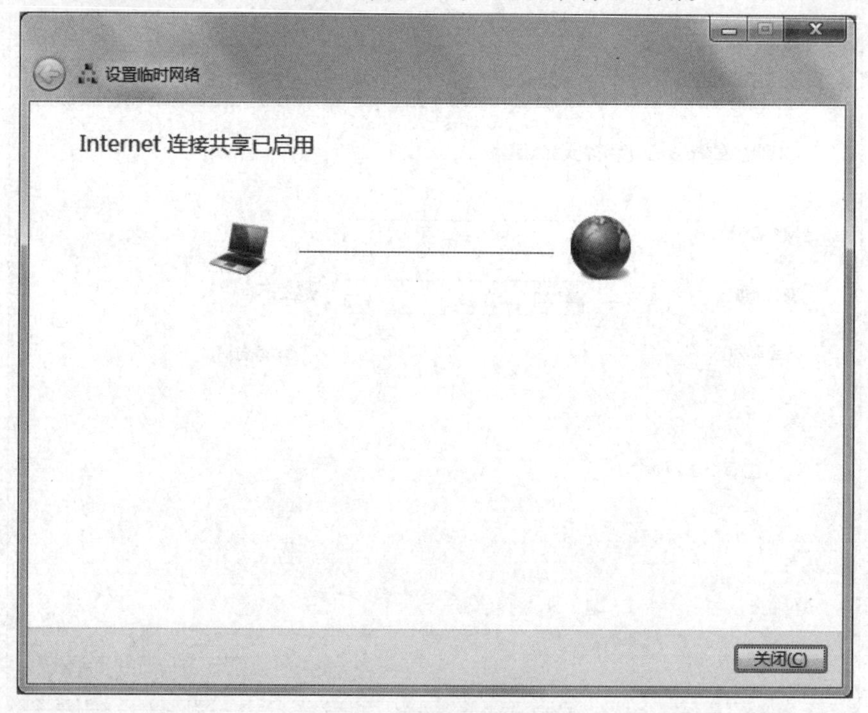

图 2.33　启用连接共享

第六步:其他计算机直接搜索无线网络,找到刚建立的无线网络名如 art,然后单击“连接”,此时多台计算机便建立起了对等网络,从而可进行文件共享、共享上网等操作。

如果在客户机上没有搜索到可用的无线网络(无线网络连接显示断开状态),可以调整两台计算机的位置,最好在 10 m 以内。

2.6　巩固练习

一、选择题

1. 采用集线器的普通端口进行级联,必须采用(　　)UTP 方式,如果使用专用的级联端口进行级联,采用(　　)UTP 方式。

A. 直通　交叉　　B. 交叉　直通　　C. 直通　直通　　D. 交叉　交叉

2. 具有隔离广播信息能力的网络设备是(　　)。

A. 集线器　　B. 交换机　　C. 路由器　　D. 网桥

3. 下列不属于网卡功能的是(　　)。

A. 实现数据缓存　　B. 实现某些数据链路层的功能

C. 实现物理层的功能　　D. 实现调整解调功能

4. 下列网络设备中用来连接异种网络的是(　　)

A. 集线器　　B. 交换机　　C. 路由器　　D. 网桥

5. 物理地址(MAC 地址)是(　　)位的。

A. 32　　B. 48　　C. 64　　D. 128

6. 集线器在本质上属于(　　),它的作用是放大信号。

A. 中继器　　B. 信号放大器　　C. 过滤器　　D. 转换器

7. (　　)是目前无线广域通信网络应用广泛的上网介质。

A. 无线网卡　　B. 无线上网卡　　C. 无线 AP　　D. 无线路由器

二、填空题

1. 按交换机的端口结构来分,交换机大致可分为________和________两种不同的结构。

2.

网络设备	工作于 OSI 参考模型的哪层
中继器	
集线器	
交换机	
路由器	
网关	

3. 交换机工作通过________和________的映射表来实现数据快速交换。

三、问答题

1. 假设你家里组建了一个无线局域网,每个房间都能共享上网,请说出如何防止别人盗用你家的无线局域网。

2. 通过上网查资料,了解蓝牙技术与无线局域网技术的区别及主要特点。

四. 实操题

1. 对自己家的网络进行规划,设计组网方案。

2. 实现无线对等网,并记录操作步骤和出现的问题。

项目3　组建办公网络

3.1　项目描述

现在,随着网络技术的发展,企业的运作模式也发生了变化,越来越多的企业和单位通过组建计算机网络来提高工作效率,局域网已逐渐深入中小型企业及大企业的分支机构,组建办公室网络成了现代化办公的必备条件。作为网络工程师应该如何实现此需求?

3.2　需求分析

通常将少于50人的机构称为小型办公室。小型办公室一般以小型企业、中型企业和家庭办公室为主,但并不局限于此。大多数情况下,小型办公室一般只会申请一条Internet出口线路而且没有专职的IT管理者,因此技术决策和相关产品购买方面的决定,大多是由企业的管理者在咨询IT顾问或企业内部相对比较专业的员工后得出的结果。

小型办公网络一般以办公应用为主,小型办公网络主要实现的是共享文件、打印机、上网共享等应用。下面介绍如何构建小型办公网络。

3.3　典型工作环节

3.3.1　使用Visio绘制网络拓扑图

确定网络的拓扑结构是进行网络建设的第一步,因此能够绘制网络拓扑图是网络组建学习的一项重要内容。绘制网络拓扑图有多种方式,最常见的是使用Microsoft Office Visio。

Visio是专业制作各类制作图表的软件,是Microsoft Office软件系列的单独产品,需要单独进行安装。它提供了诸如程序流程图、网络拓扑图、数据分布图、地图、室内布置图、规划图、线路图等非常多的模板。其具体操作与Office Word等类似,用户可以很方便地建立自己的图表。

首先打开Microsoft Office Visio,界面如图3.1所示,在左边的“类别”中选择“网络”,在右边的模板中,可以看到Visio提供了“基本网络图”“详细网络图”等多种模板,根据需要选择其中之一进入绘图界面。

在绘图界面中可以看到,Visio提供了“具体任务”“计算机和显示器”等多种形状类别,根据需要在形状类别中选择相应“形状”,通过拖拽把其添加到“编辑区域”,再使用“绘图工具”“文本工具”等进行编辑便可绘制所需的网络拓扑结构,如图3.2所示。

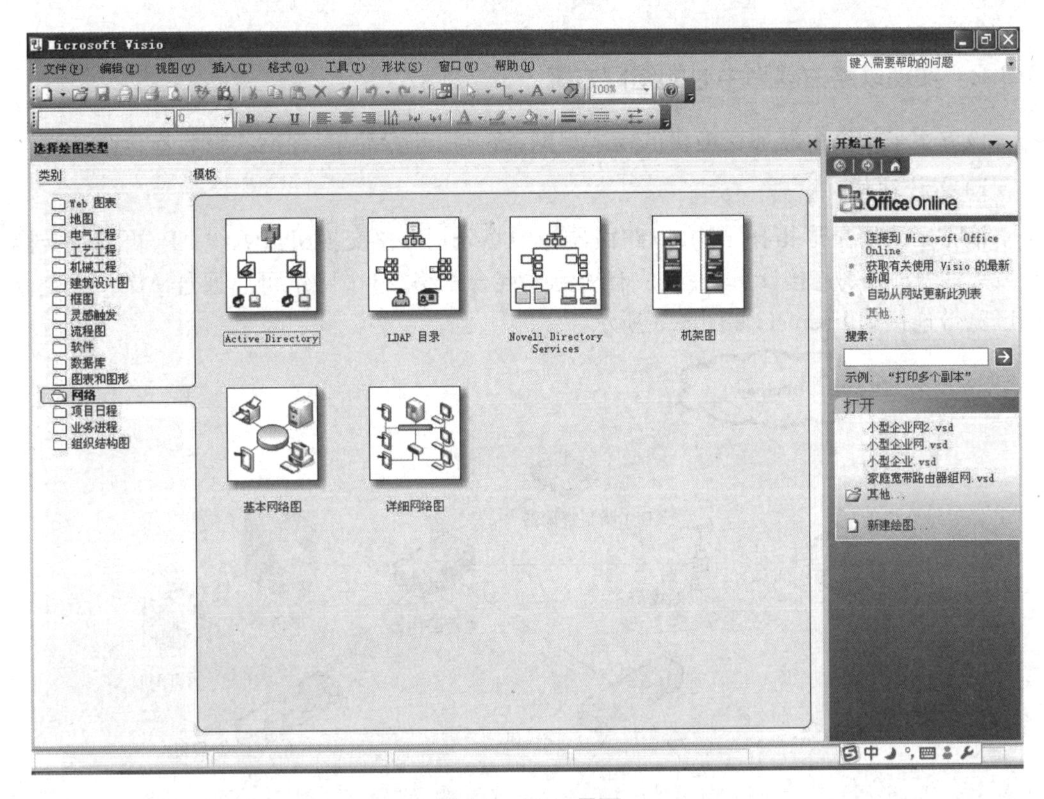

图 3.1 Visio 界面

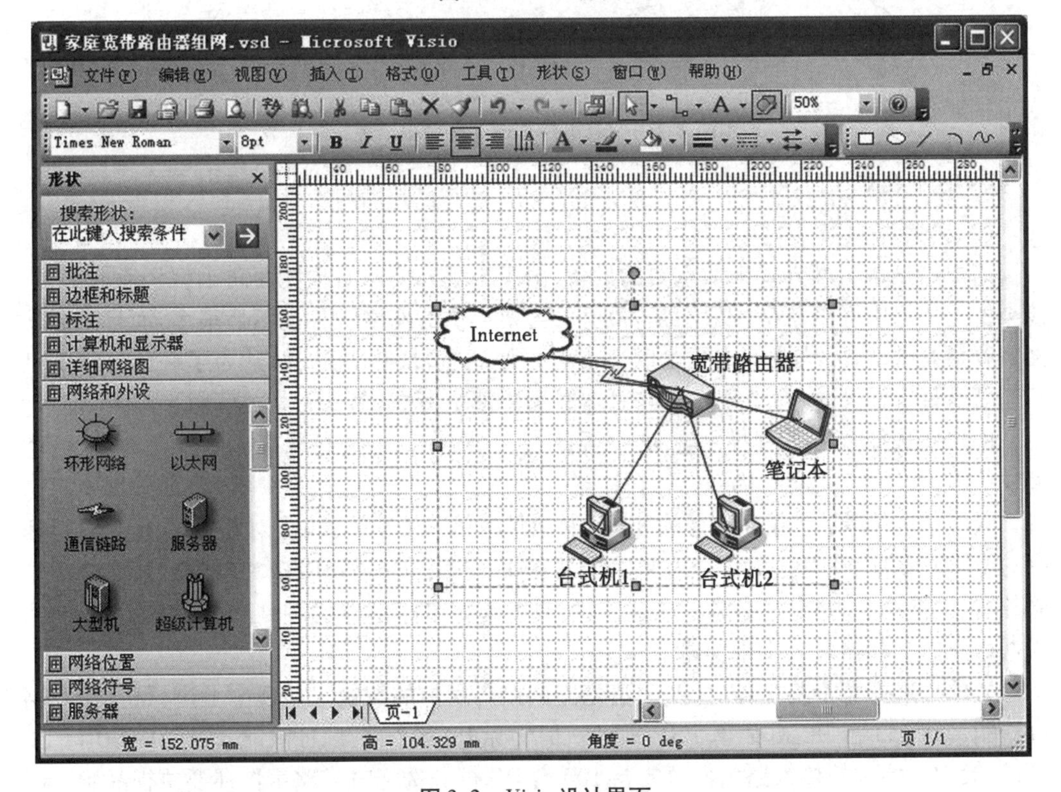

图 3.2 Visio 设计界面

3.3.2 实现以路由器为中心的组网方案

该方案采用路由器加交换机的模式组网,该方法配置简单,上网共享容易,性能较好。

1)拓扑结构

该方案采用星形拓扑结构,以路由器为中心分别连接交换机或无线 AP,再通过交换机或无线 AP 分别连接计算机,组成有线无线混合网络,整个网络可以通过 ADSL 或企业园区宽带连接到 Internet,如图 3.3 所示。

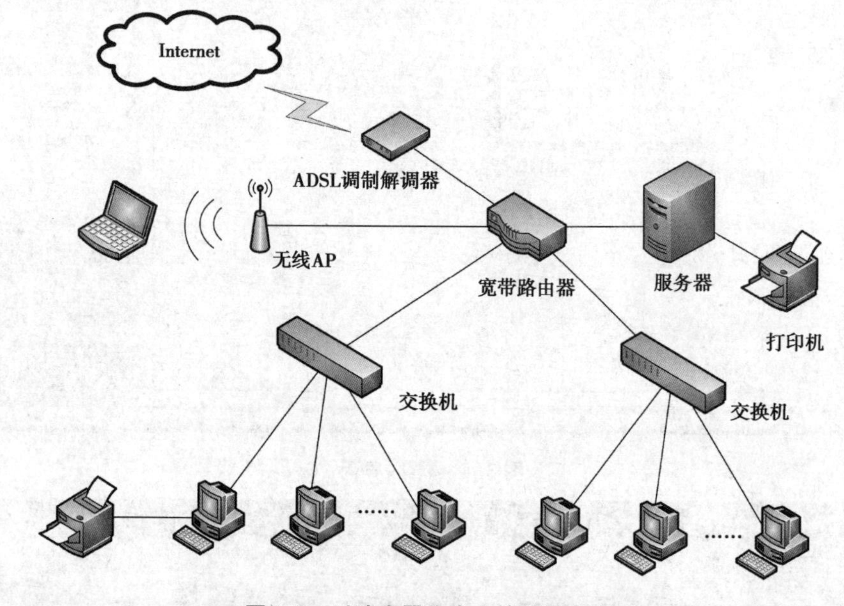

图 3.3 以路由器为中心的组网方案

2)硬件装配

(1)选择路由器

路由器是该组网方式中最重要的设备,由于小型办公网络主要面向小型企业或部门,该类型的网络中网络流量一般不是特别大,需要提供的网络服务也不是很多,而且小企业网络资金有限,所以从性价比的角度考虑可以使用宽带路由器。但是为了获得良好的共享速度及稳定的性能,在选择宽带路由器时需要慎重考虑,多参考相关资料。

用户在选择宽带路由器之前,必须弄清楚几个方面:一是终端接入的数量、接入的类型或环境,如 xDSL、Cable Modem、FTTH 或无线接入等;二是应用业务类型,如数据、VoIP、视频或混合应用等;三是对安全的要求,如地址过滤、VPN 等;四是对路由器数据转发速率的要求。目前,市场上大部分宽带路由器提供 VPN、防火墙、DMZ、按需拨号、支持虚拟服务器、支持动态 DNS 等功能。在选择时,要了解宽带路由器的各种功能及其适用场合,根据自身需求和投资大小来衡量。

另外在选择宽带路由器时,要问清楚支持接入用户的数量。从理论上讲,每台接入路由器能带动 253 台 PC 机共享一 IP 地址。但实际上,每个 IP 地址只能支持 10 ~ 30 台 PC 机;一般中上档次的接入路由器可支持 100 台 PC 机。选择宽带路由器还要重视品牌。因为品牌产品在售后服务、质量保证上都有承诺,能够大大减少用户在使用中的麻烦。

(2)选择交换机

目前市场上面向中小型企业的以太网交换机有8口、16口和24口等几种规格,用户可根据自己单位计算机的数量选用。需要注意的是,应预留出一些端口以备将来扩充网络。如果网络环境规模为支持20~30台PC机,建议最好选择24口+16口的端口搭配;这样不仅保证了网络的正常使用,也方便调整客户端位置,留有足够的故障调试端口和升级端口。

(3)确定设备的连接

使用双绞线将各个设备进行连接,在选择双绞线时尽量考虑口碑好、质量过关的产品。另外建议做个交换机柜,将两个交换机分层放置,留出必要的空间以供散热。

具体连接上,将ADSL Modem的LAN口和宽带路由器WAN口相连,宽带路由器一般还有4个LAN口,可以分别连接交换机或无线AP。两台交换机可以直接与宽带路由器相连;也可以采用两台交换机级联,其中一台交换机再与宽带路由器连接的方式,这种连接方式可以方便交换机的管理,连接示意如图3.4所示。

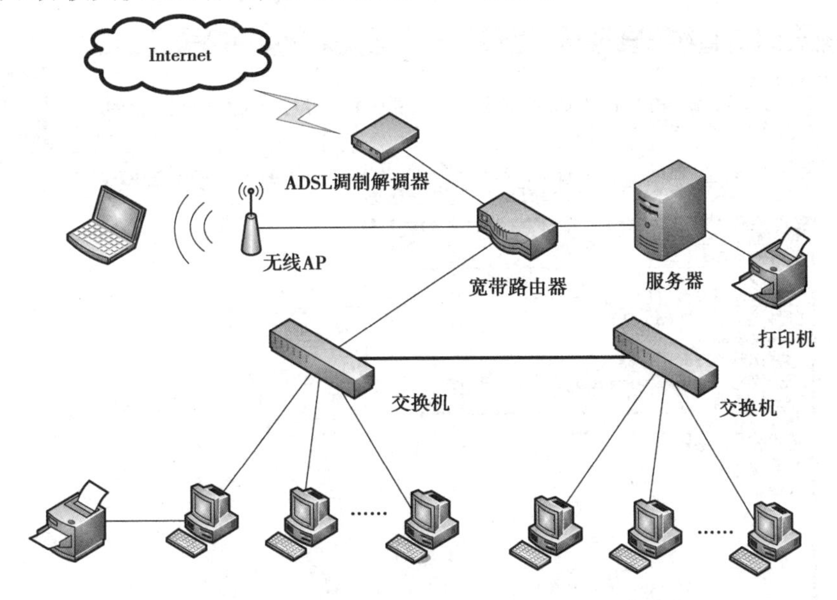

图3.4 以路由器为中心的组网方案(交换机级联方式)

通过以上硬件的选择与连接,一个小型的办公网络便组建完成。接下来是简单的软件设置,主要是宽带路由器和各机器的IP地址设置,该设置过程可以参考前面章节的内容。设置完成后该网络就组建完成了。

3.3.3 设置DHCP服务

DHCP是用于动态分配IP地址的服务,当一个小型办公网络中计算机比较多时,如果为每个客户端手动设置IP地址、子网掩码、DNS及网关等地址,操作起来非常麻烦,可以使用DHCP服务器来解决此问题。只要在Windows 2000服务器版或Windows Server 2003配置DHCP服务,DHCP服务器就会自动为客户机分配IP地址等网络参数信息,这样在管理方面变得更加轻松,即使以后网关或DNS等信息发生变化时,也只需修改服务器的参数即可，而不用对每台计算机都进行修改。假设在上面两个小型办公网络方案中，服务器安装的操作系统是 Windows Server 2003，其 IP 地址为 192.168.0.254（对方案二是内网连接的 IP 地址），下面在其上面配置 DHCP 服务。

注意：因为一个局域网中不能同时有多个 DHCP 服务，无线路由器提供 DHCP 服务，要使用只需将其启用即可。如果想在服务器上配置 DHCP 服务，请先将路由器提供的 DHCP 服务关闭。

1）添加 DHCP 服务

Windows Server 2003 安装时，默认不会安装 DHCP 服务。因此要作为 DHCP 服务器，必须单独在 Windows 中添加 DHCP 服务。

添加 DHCP 服务的操作步骤如下：

①依次单击“开始/管理工具/配置您的服务器向导”，在打开的向导页中依次单击“下一步”按钮。配置向导会自动检测网络连接的设置情况（DHCP 服务器要求设置为静态 IP 地址），若没有问题则进入“服务器角色”向导页，如图 3.5 所示。

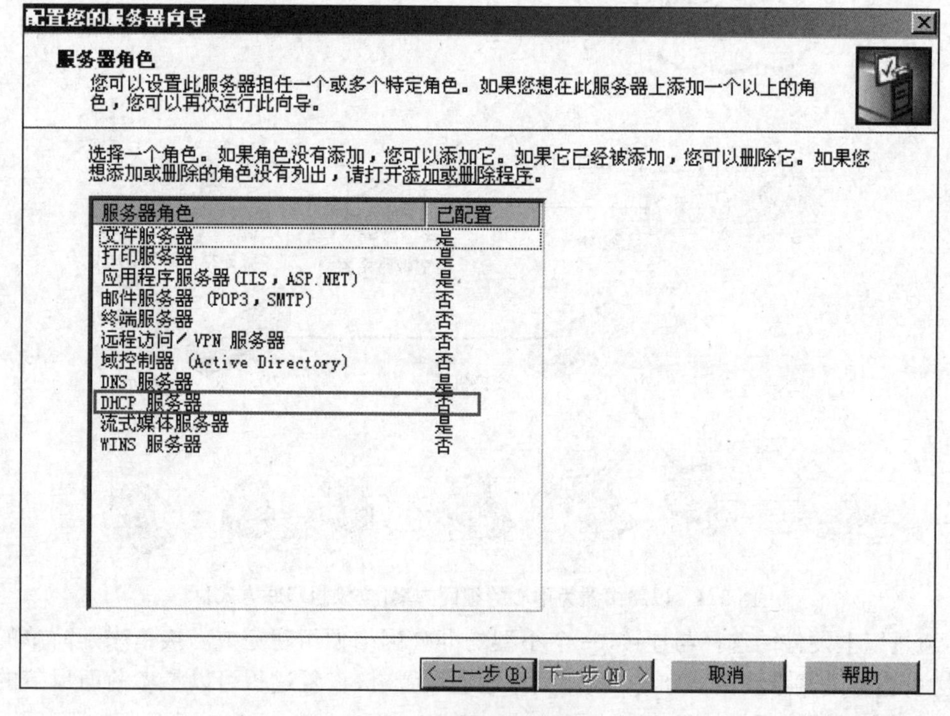

图 3.5　配置服务器角色

②在“服务器角色”列表中选中“DHCP 服务器”选项，并单击“下一步”按钮。

③向导将开始安装 DHCP 服务，并且提示插入 Windows Server 2003 的安装光盘或指定安装源文件（如果已将安装光盘的“I386”文件夹复制到了硬盘），要安装 DHCP 服务，也可以打开“控制面板”，选择“更改/删除程序”；在对话框中单击“添加/删除 Windows 组件”；在组件列表中，选中“网络服务”，然后单击“详细信息”按钮；选中“动态主机配置协议（DHCP）”复选框，最后单击“确定”即可。

注意，只有 Administrators 用户组的成员才可以在计算机上安装配置 DHCP 服务。

2)创建 DHCP 服务器

IP 地址采用了 DHCP 自动分配方式,其网段为 192.168.0.1 ~ 192.168.0.253。服务器(操作系统为 Windows 2000 服务器版或 Windows Server 2003)上 DHCP 服务具体的配置方法如下。

①单击“管理工具”→DHCP,弹出如下向导窗口(如果用户的机器中没有 DHCP,依次选择“添加删除程序”→“添加删除 Windows 组件”→“网络服务”→“动态主机配置协议(DHCP)”,则可添加 DHCP 服务)。

②在窗口左侧的服务器名称上右击,选择“新建作用域”命令,创建一个 DHCP 作用域,如图 3.6 所示。

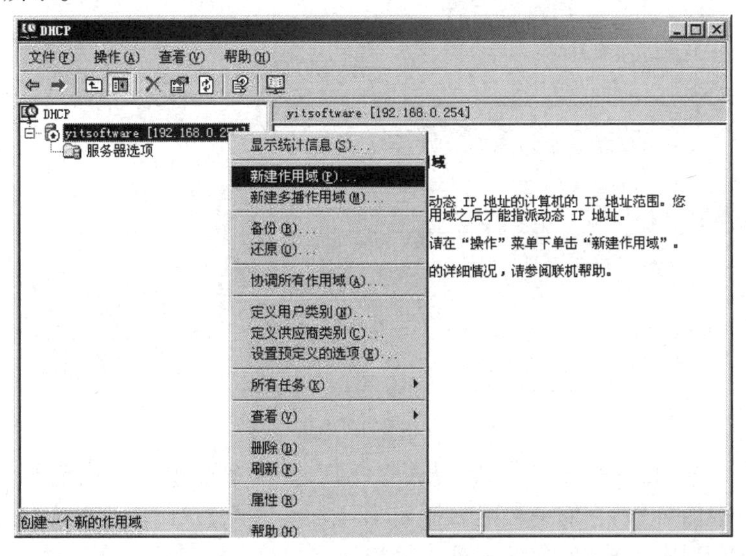

图 3.6 新建作用域

作用域是 DHCP 服务器可以分配给一个物理子网内客户机的 IP 地址范围。作用域主要包括 IP 地址的范围、子网掩码、作用域名称、租约期限值、作用域选项、保留地址等。

③打开“新建作用域向导”,在如图 3.7 所示的“作用域名”界面中,输入当前作用域的名称和描述信息,作用域名称可任意起。然后单击“下一步”按钮。

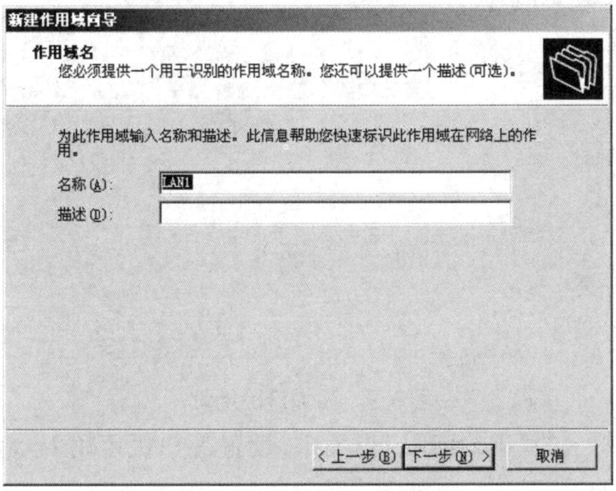

图 3.7 设置作用域名

④在如图3.8所示的“IP地址范围”界面中，输入作用域的起始IP地址和结束IP地址；并且设置子网掩码。然后单击“下一步”按钮。因为192.168.1.254已经被配置静态IP地址的服务器占用了，所以此处这里可分配的动态IP地址为192.168.0.1～192.168.0.253。

注意：在使用宽带路由器的方案中，因为192.168.0.1为宽带路由器的默认地址，所以可分配的动态IP地址为192.168.0.2～192.168.0.253。

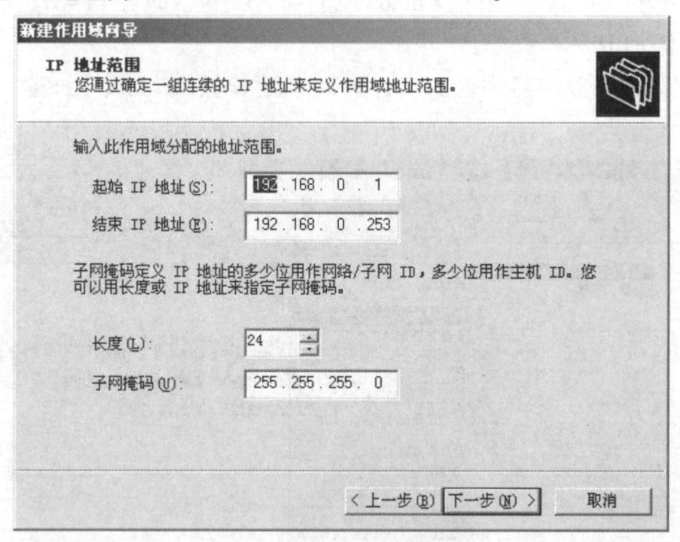

图3.8 设置IP地址范围

⑤在如图3.9所示的“添加排除”界面中，输入要排除的IP地址或范围。如果用户的局域网中有其他服务器，它们一般需要固定IP地址，因此，它们使用的IP地址就要排除在外，以免DHCP服务器将它们的地址也分配给客户机，从而造成IP地址冲突。

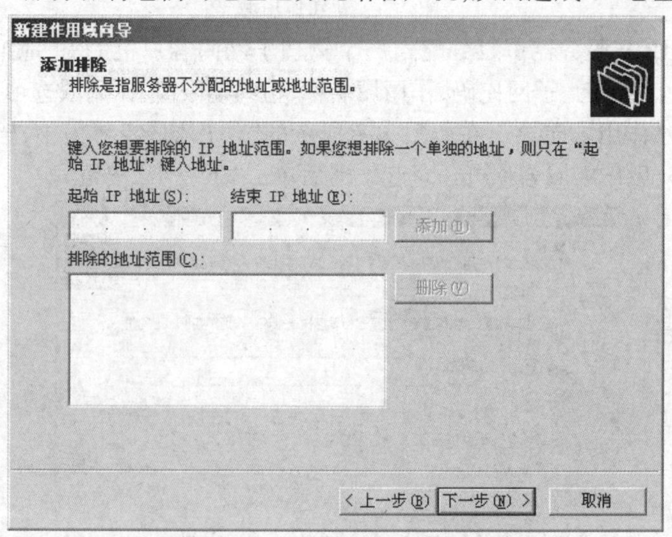

图3.9 添加排除地址

⑥在如图3.10所示的“租约期限”界面中，设置客户机租用IP地址的时间期限。然后单击“下一步”按钮。

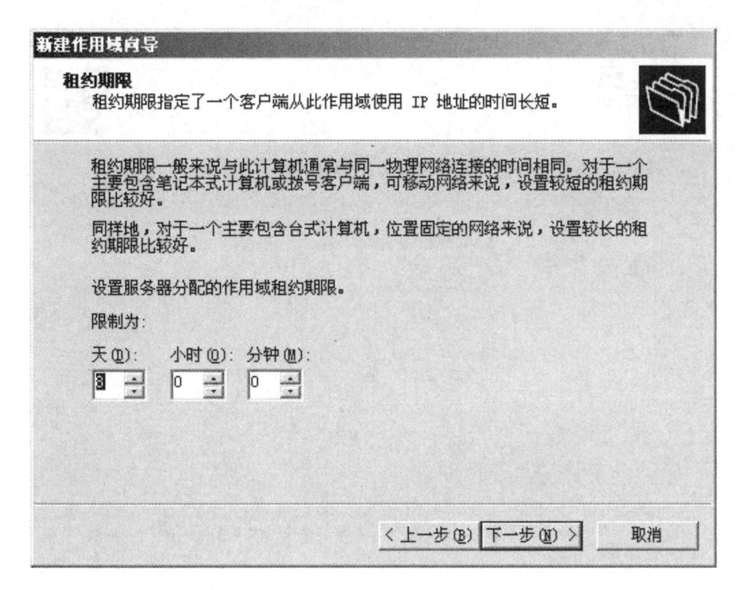

图 3.10 设置租约期限

⑦在如图 3.11 所示的"配置 DHCP 选项"界面中，可以选择"是，我想现在配置这些选项"，在向导中配置选项；也可以选择"否，我想稍后配置这些选项"，结束向导后再单独配置选项。这里选择"是"，然后单击"下一步"按钮。

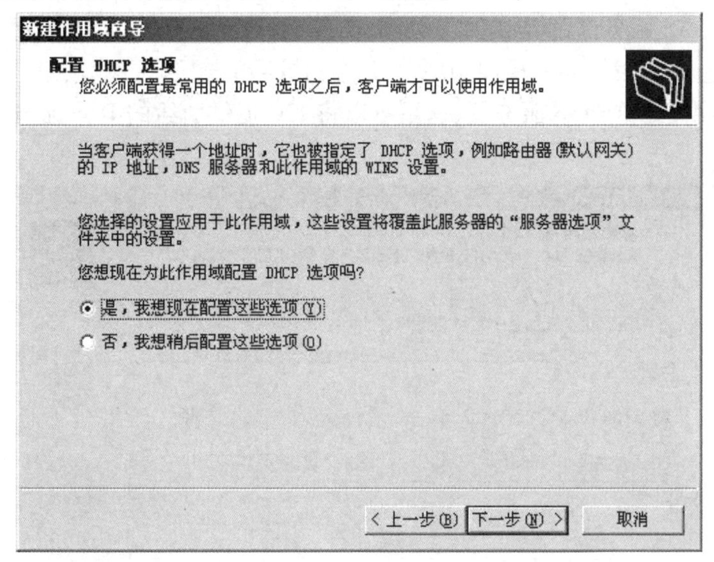

图 3.11 配置 DHCP

⑧在如图 3.12 所示的"路由器(默认网关)"界面中，配置 DHCP 服务器为客户机指定的默认网关的 IP 地址。然后单击"下一步"按钮。

在方案一中通过使用宽带路由器共享上网，网关地址就是宽带路由器的内网地址：192.168.0.1。

在方案二中通过代理服务器使用共享上网，并且服务器的内网网卡配置的 IP 地址为 192.168.0.254，因此，对于内网的客户机而言，它们的网关就是 192.168.0.254。

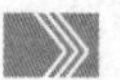

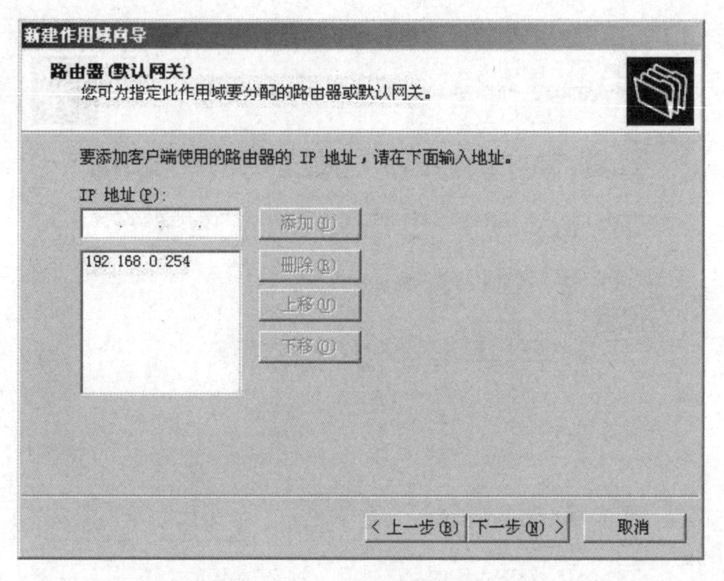

图 3.12　设置路由器(默认网关)

⑨在如图 3.13 所示的“域名称和 DNS 服务器”界面中,为客户机指定 DNS 服务器。在“父域”文本框中输入 DNS 解析的域名,如果没有则留空;在“IP 地址”文本框中输入 DNS 服务器的 IP 地址,也可以在“服务器名”中输入 DNS 服务器的主机名后单击“解析”按钮自动查询 DNS 服务器的 IP 地址。如果有多个 DNS 服务器,可以通过“上移”和“下移”按钮来调整 DNS 服务器的排列顺序。设置完成后单击“下一步”按钮。

客户机上网离不开 DNS 服务器,这里可以将 ISP 提供商给的 DNS 服务器地址添加到列表中。

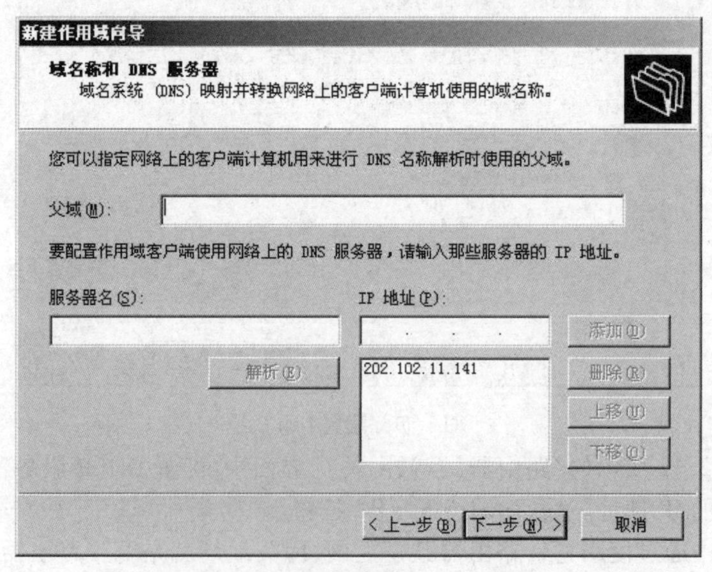

图 3.13　设置域名称和 DNS 服务器

⑩在如图 3.14 所示的“WINS 服务器”界面中,可以为客户机指定 WINS 服务器。如果网络中是 Windows 98/ME 操作系统的计算机,可以配置 WINS 服务器,提高 NetBIOS 名称解析的效率。然后单击“下一步”按钮。

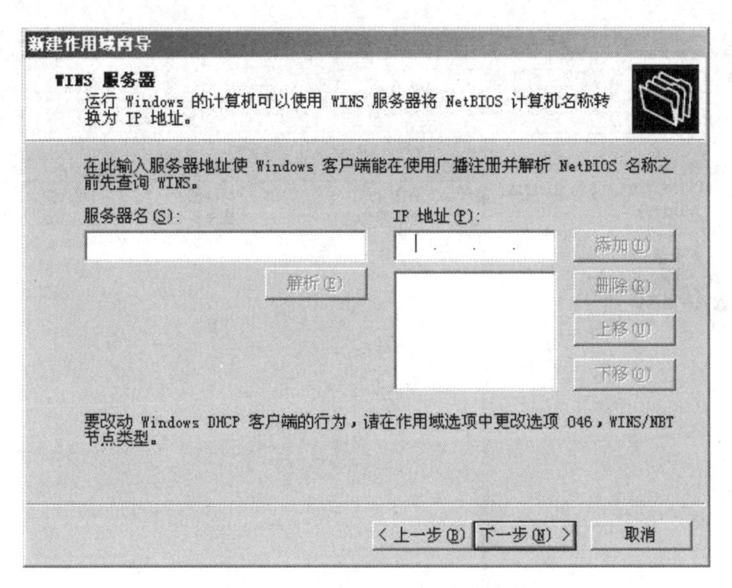

图 3.14　设置 WINS 服务器

⑪在如图 3.15 所示的"激活作用域"界面中，选择"是，我想现在激活此作用域(Y)"。只有激活后，当前作用域才能为客户机分配 IP 地址。

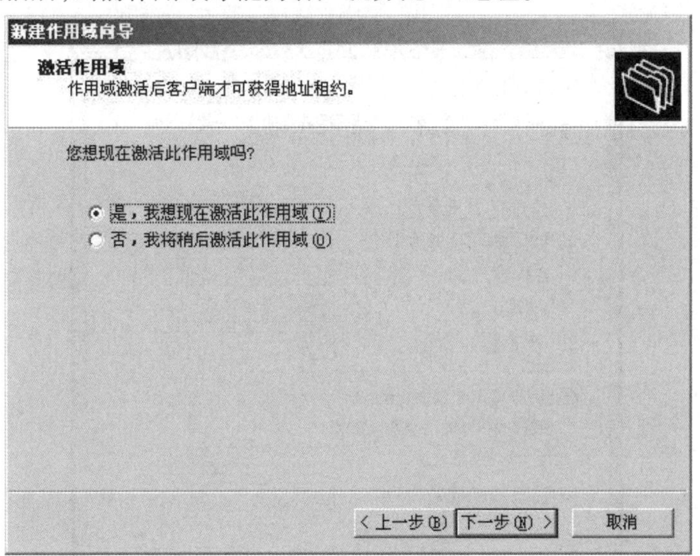

图 3.15　激活作用域

⑫"完成"新建作用域向导，在 DHCP 管理控制台窗口中可以看到创建的作用域，如图 3.16 所示。

3)配置客户机

在 Windows 系统中，客户机打开"本地连接"属性对话框，选择"Internet 协议(TCP/IP)"，然后单击"属性"按钮，把 TCP/IP 属性中的 IP 地址获取方式设置为"自动获得 IP 地址"，单击"确定"即可，如图 3.17 所示。客户端就可以使用 DHCP 服务器来自动获得 IP 地址了。

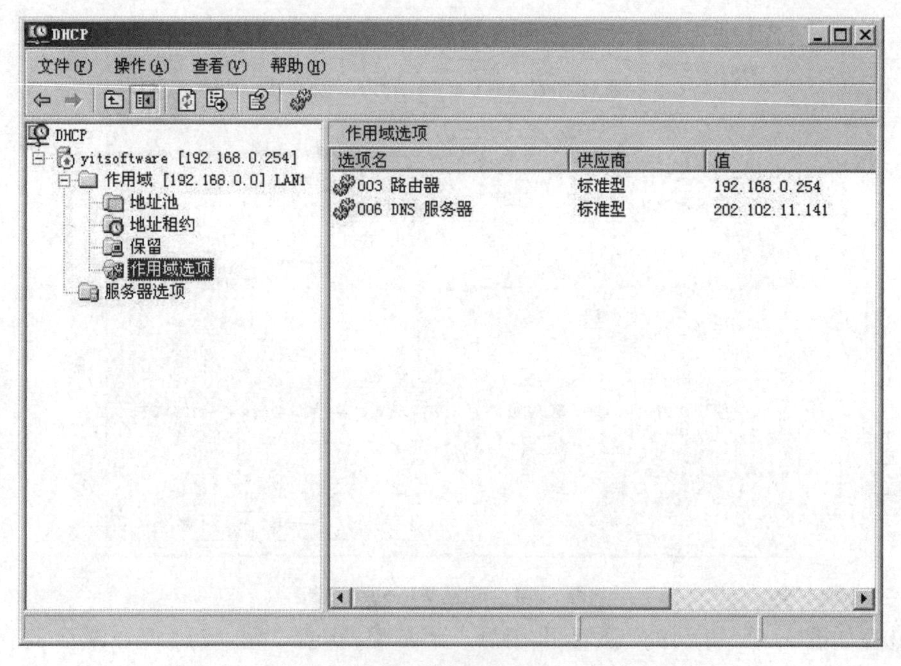

图 3.16 DHCP 作用域

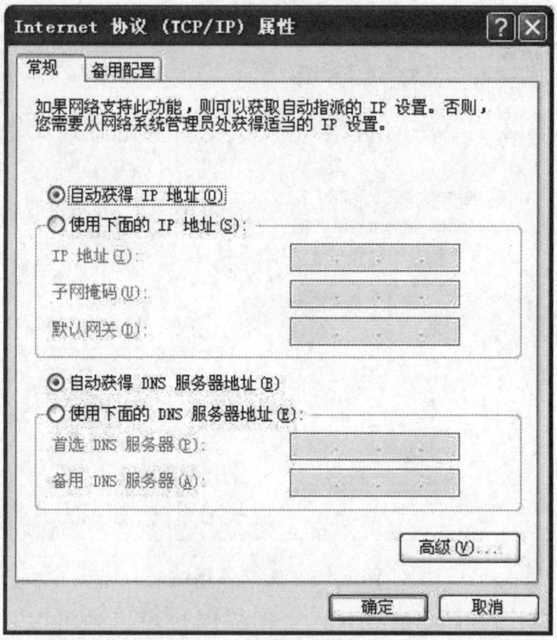

图 3.17 TCP/IP 属性

客户机可以使用 ipconfig/all 命令查看获得的 IP 地址细节,如图 3.18 所示。

客户机还可以使用 ipconfig/release 命令释放获得的动态 IP 地址;使用 ipconfig/renew 命令来更新动态 IP 地址,如图 3.19 所示。

为了给小型办公网络内部的用户提供信息服务及文件服务,可以在服务器(Windows Server 2003)上搭建 Web 服务和 FTP 服务。

```
C:\Documents and Settings\Administrator>ipconfig/all

Windows IP Configuration

        Host Name . . . . . . . . . . . . : fangyuan
        Primary Dns Suffix  . . . . . . . :
        Node Type . . . . . . . . . . . . : Hybrid
        IP Routing Enabled. . . . . . . . : No
        WINS Proxy Enabled. . . . . . . . : No

Ethernet adapter VMware Network Adapter VMnet0:

        Connection-specific DNS Suffix  . : example.com
        Description . . . . . . . . . . . : VMware Virtual Ethern
        Physical Address. . . . . . . . . : 00-50-56-C0-00-00
  ───→  Dhcp Enabled. . . . . . . . . . . : Yes
        Autoconfiguration Enabled . . . . : Yes
        IP Address. . . . . . . . . . . . : 192.168.1.10
        Subnet Mask . . . . . . . . . . . : 255.255.255.0
        Default Gateway . . . . . . . . . : 192.168.1.254
  ───→  DHCP Server . . . . . . . . . . . : 192.168.1.1
        DNS Servers . . . . . . . . . . . : 192.168.1.2
        Lease Obtained. . . . . . . . . . : 2007?8?18? 15:30:15
        Lease Expires . . . . . . . . . . : 2007?8?26? 15:30:15
```

图 3.18　客户机查看获得的 IP 地址

```
C:\>ipconfig/release

Windows IP Configuration


Ethernet adapter VMware Network Adapter VMnet0:

        Connection-specific DNS Suffix  . : example.com
        IP Address. . . . . . . . . . . . : 0.0.0.0
        Subnet Mask . . . . . . . . . . . : 0.0.0.0
        Default Gateway . . . . . . . . . :

C:\>ipconfig/renew

Windows IP Configuration


Ethernet adapter VMware Network Adapter VMnet0:

        Connection-specific DNS Suffix  . : example.com
        IP Address. . . . . . . . . . . . : 192.168.1.10
        Subnet Mask . . . . . . . . . . . : 255.255.255.0
        Default Gateway . . . . . . . . . : 192.168.1.254
```

图 3.19　使用 ipconfig/renew 命令来更新动态 IP 地址

3.3.4　设置 Web 服务

1) 安装 IIS6.0

在 Windows Server 2003 中可以使用 IIS6.0 工具，为企业提供安全、可靠的 Web 服务和 FTP 服务。为了预防恶意用户和攻击者的攻击，提高系统安全性，默认情况下，不会在 Windows Server 2003 系统中安装 IIS。而且，安装 IIS 时，该服务在高度安全和锁定模式下安装。默认情况下，IIS 只为静态内容提供服务。ASP、ASP. NET、服务器端的包含文件、WebDAV 发布和 FrontPage Server Extensions 等功能必须启用后才能工作。同时强烈建议将 IIS 安装在格式为 NTFS 的驱动器上。必须是本地计算机上 Administrators 组的成员或者被委派相应的权限才能执行安装 IIS 的操作。

在 Windows Server 2003 中安装 IIS6.0 的操作步骤如下：

①依次单击“开始/管理工具/配置您的服务器向导”，在打开的向导页中依次单击

"下一步"按钮。配置向导会自动检测网络连接的设置情况(IIS 服务器要求设置为静态 IP 地址),若没有问题则进入"服务器角色"向导页,如图 3.20 所示。

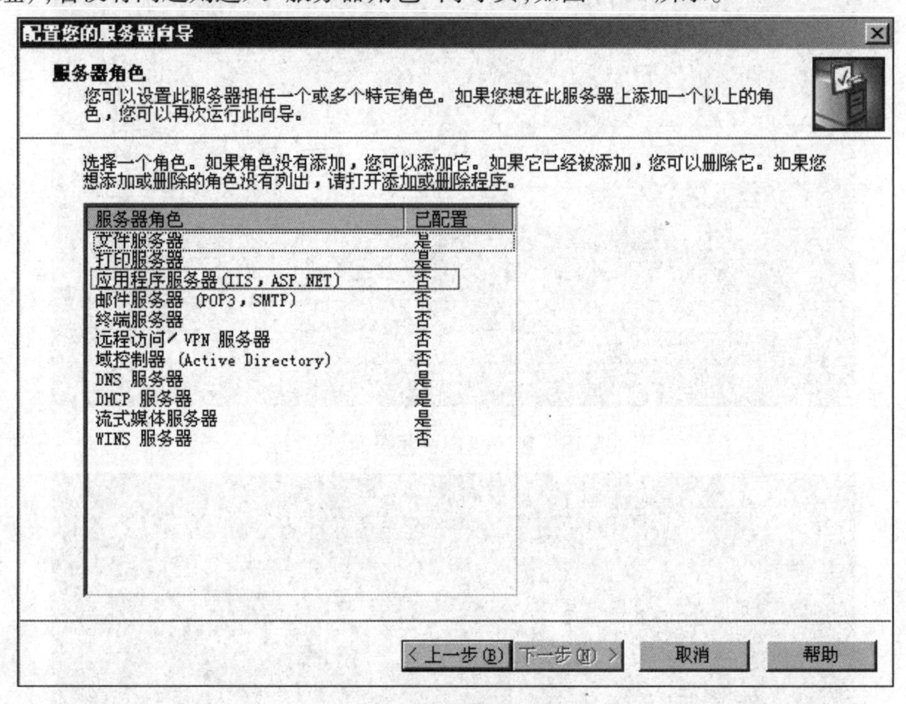

图 3.20　配置服务器角色

②"服务器角色"列表中选中"应用程序服务器(IIS,ASP.NET)"选项,并单击"下一步"按钮。

③向导将开始安装 IIS 服务,并且提示插入 Windows Server 2003 的安装光盘或指定安装源文件(如果已将安装光盘的"I386"文件夹复制到了硬盘)。

2)配置 Web 服务器

①打开管理工具中的"Internet 信息服务(IIS)管理器",如图 3.21 所示。

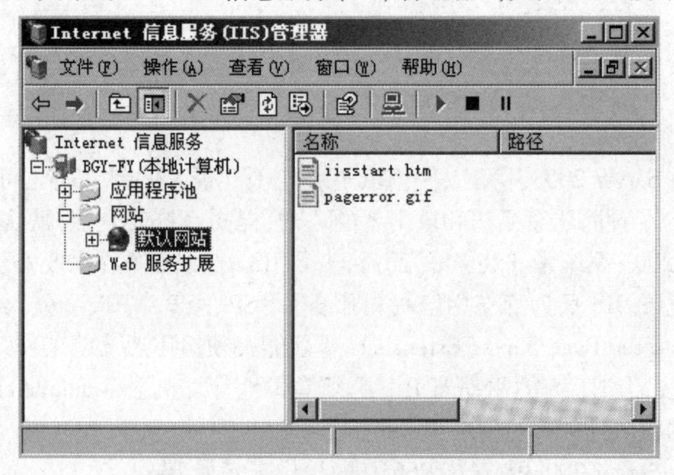

图 3.21　Internet 信息服务(IIS)管理器

②在左侧单击"网站",在"默认网站"选项上单击右键,选择"属性"命令,打开默认网

站的“属性”对话框。

③选择“网站”标签,打开如图 3.22 所示的界面。

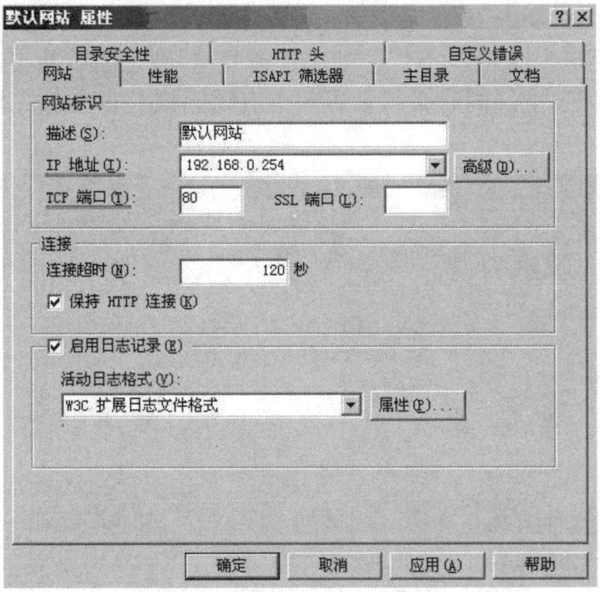

图 3.22 设置 IP 地址和端口

在其中可以设置连接网站时的 IP 地址,和客户用来连接本网站的端口(默认为 80)。

注:管理员可以更改站点的 TCP 端口,如 8080、8000 等。此时用户应该在浏览器的地址栏中输入“http://站点地址:端口号”来访问该 Web 站点。

④选择“主目录”选项卡,定义网页内容的来源,如图 3.23 所示。本地路径可以根据需要设置,可以单击“浏览”按钮来改变主目录在本地计算机上的位置。

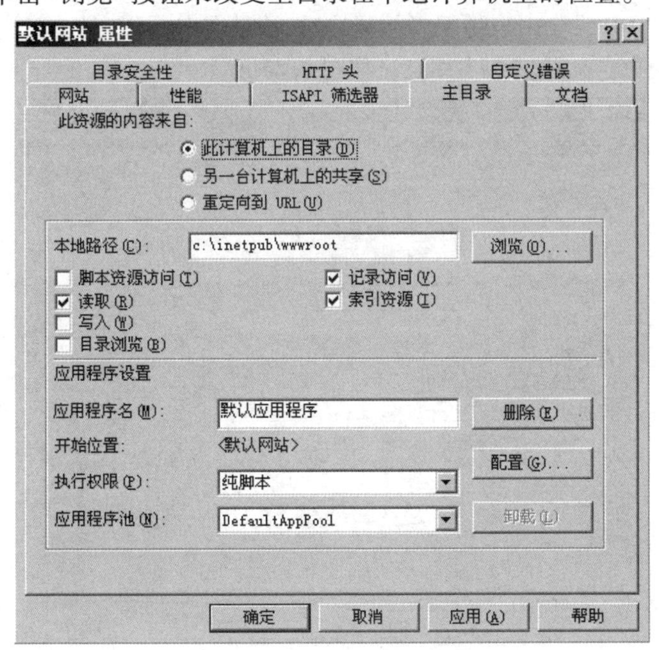

图 3.23 设置网站主目录

说明：

①如果主目录是在本地计算机上，则为了系统安全考虑，网站主目录和操作系统应该放在不同的磁盘分区中。

②"另一台计算机上的共享(S)"。如果选择此项，则将网站的主目录指定到另外一台服务器的共享文件夹上。同时必须设置一个有访问该共享文件夹权限的用户名和密码，如图3.24所示。

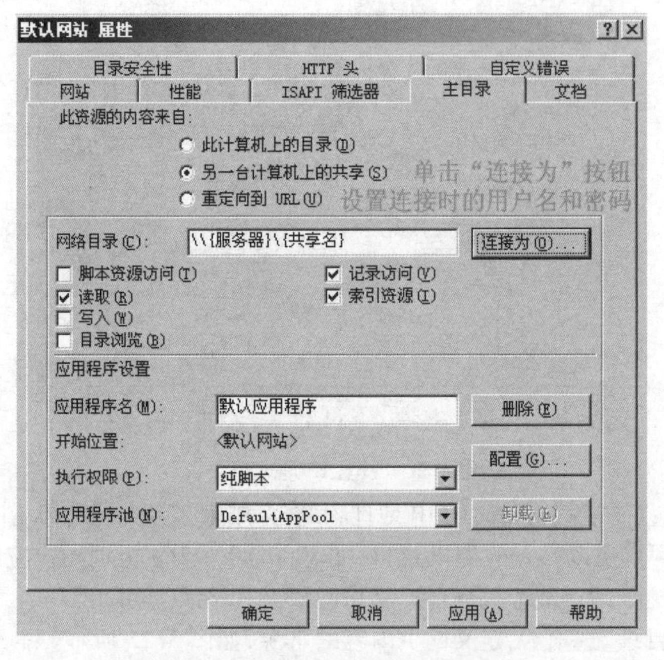

图3.24　设置共享形式的主目录

③"重定向到URL"。用户访问当前网站时，被重定向到指定的网址。常用于有多个域名的网站，让用户自动跳转到主站点。如图3.25所示。

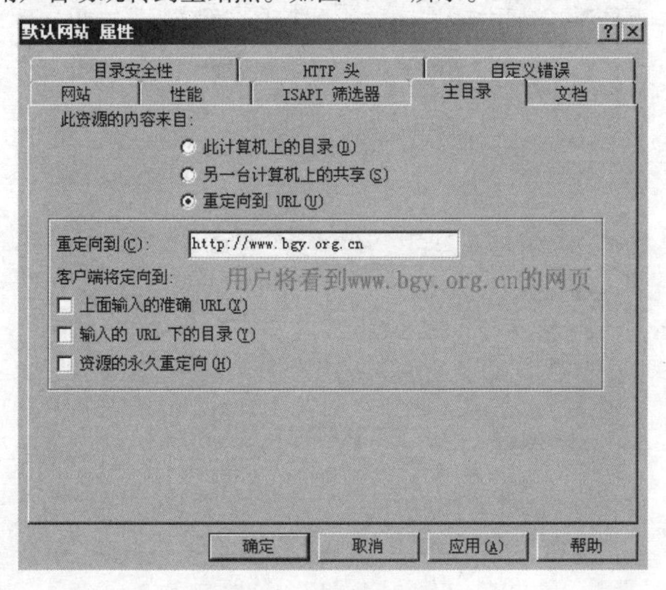

图3.25　主目录重定向

⑤设置默认页面。选择“文档”选项卡,如图 3.26 所示。

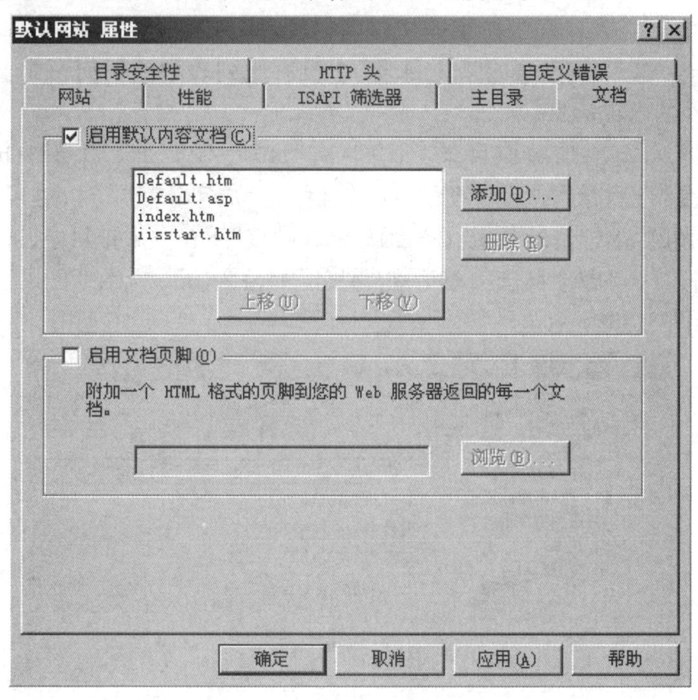

图 3.26　**“文档”选项卡**

确保“启用默认文档(C)”一项已选中,如有必要可以单击“添加”按钮增加需要的默认文档再调整到合适的位置即可。在如图 3.27 所示的对话框中输入网站的首页文件名“index.asp”,然后用“上移”按钮将其移到列表的最上方。

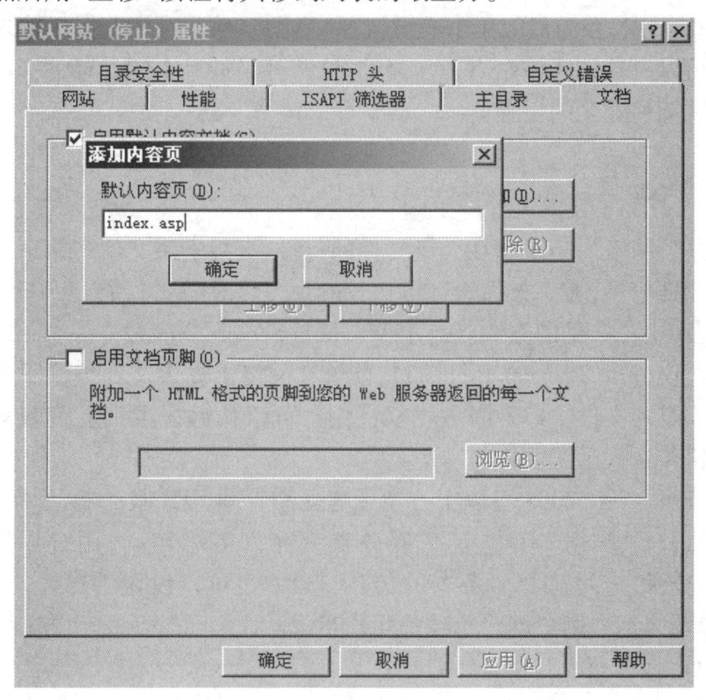

图 3.27　**添加默认页面**

此项作用是,当在浏览器中只输入域名(或 IP 地址)后,系统会自动在"主目录"中按"次序"(由上到下)寻找列表中指定的文件名,如能找到第一个则调用第一个;否则再寻找并调用第二个、第三个……如果"主目录"中没有此列表中的任何一个文件名存在,则显示找不到文件的出错信息。

⑥如果需要,可再增加虚拟目录。比如:有"http://192.168.0.254/files"之类的地址,"files"可以是"主目录"的下一级目录(姑且称之为"实际目录"),也可以在其他任何目录下,也即所谓的"虚拟目录"。要在"默认 Web 站点"下建立虚拟目录,选"默认网站"→单击右键→"新建"→"虚拟目录",然后在"别名"处输入"files",在"目录"处选择它的实际路径即可,如图 3.28 所示。

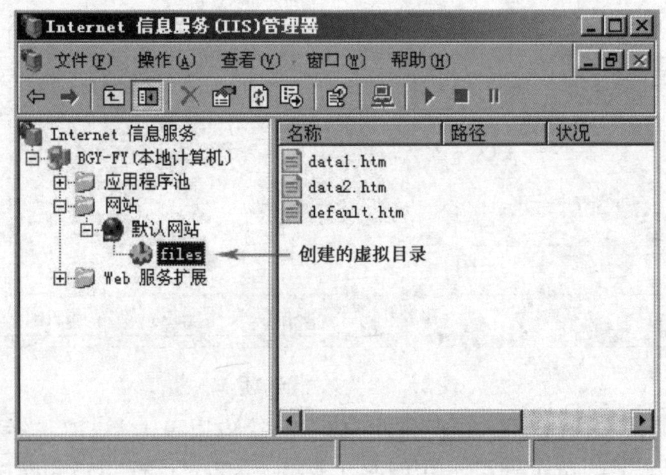

图 3.28 创建的虚拟目录

⑦启动 Web 站点,在站点上单击右键选择"启动",然后在浏览器里输入"http://192.168.0.254"就可以直接访问该站点了。当然,这些都是最基本的设置,可以参考相关资料进行一些关于性能和安全的设置。

3.3.5 设置 FTP 服务

如果小型办公网络内经常存在大量文件的传输,直接采用文件夹共享方式的话,一方面是文件传输速度较慢,另一方面管理也比较麻烦。这时需要一个上传、下载文件资料和常用软件的平台,比较常见的方法就是用 Windows Server 2003 建立一个 FTP 服务器。

文件传输协议(File Transfer Protocol),能够在网络上提供文件传输服务,用于在主机之间快速传输大量的文件。FTP 服务不仅让用户可以从远程主机上获取文件,还可以将文件从本地主机传送到远程主机。

利用 Windows Server 2003 可以很方便地建立和管理 FTP 服务器,为网络中的用户提供上传、下载文件的服务。多数 FTP 服务器都允许匿名访问,用户以默认匿名账户"anonymous"来登录,访问 FTP 服务器的公共目录。也可以设置用户登录时必须输入用户名和密码,以及为每个用户创建单独的用户目录。

1)安装 FTP 服务器

IIS6.0 中包括了 FTP 服务器软件,但默认情况下 Windows Server 2003 在安装 IIS6.0

时不会安装 FTP 服务器软件,需要管理员手工进行安装。

安装步骤如下:

①打开控制面板,启动"添加或删除程序",在对话框中单击"添加/删除 Windows 组件"。

②打开如图 3.29 所示的"Windows 组件向导"对话框,选中"应用程序服务器",然后单击"详细信息"按钮。

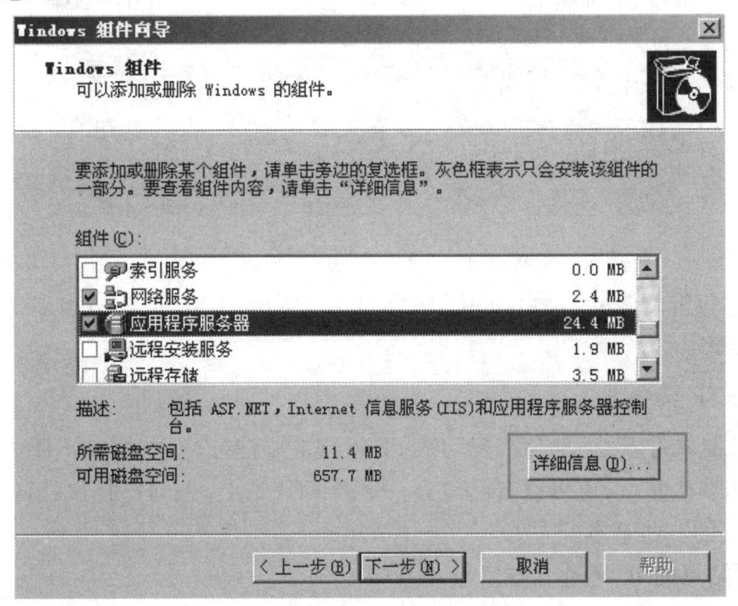

图 3.29　Windows 组件向导

③在如图 3.30 所示的"应用程序服务器"界面中,选中"Internet 信息服务(IIS)",然后单击"详细信息"按钮。

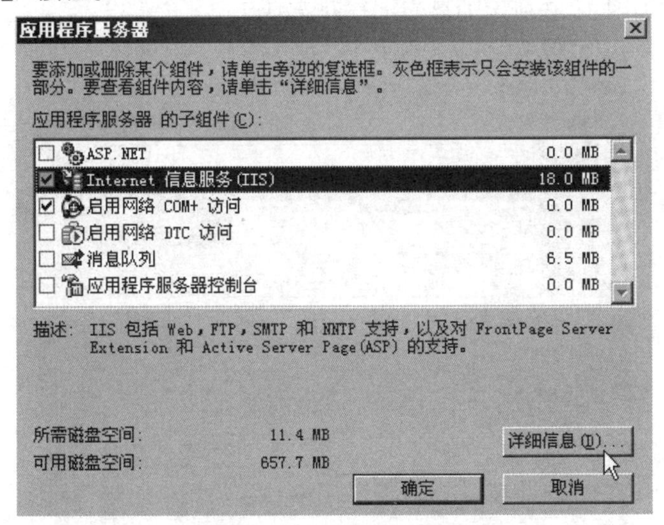

图 3.30　应用程序服务器

④在如图 3.31 所示的"Internet 信息服务"界面中,选中"文件传输协议(FTP)服务",然后单击"确定"开始安装 IIS。

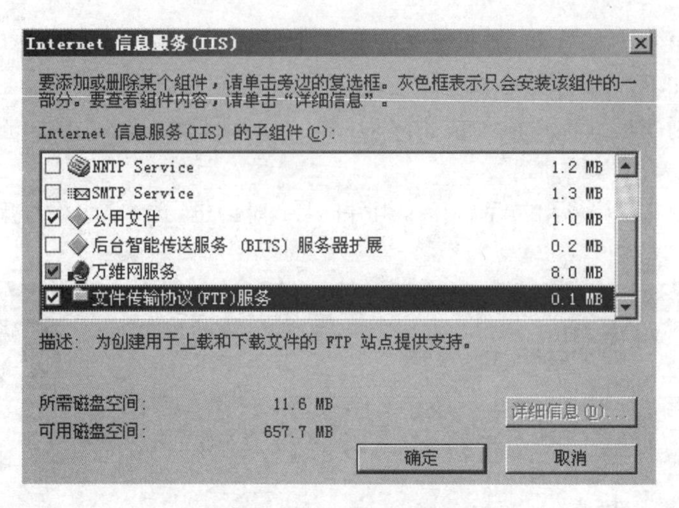

图 3.31 Internet 信息服务(IIS)

补充:在“万维网服务”项目中还有几个比较常用的子组件,如 Active Server Pages 和远程管理(HTML)等。

2)配置 FTP 服务器

FTP 服务器软件安装完成后,自动在 IIS 管理器中建立一个“默认 FTP 站点”,管理员可以直接使用默认站点,也可以自己建立一个新 FTP 站点。下面利用“默认 FTP 站点”来说明 FTP 站点的一些基本配置。

(1)设置站点的 IP 地址和端口

FTP 站点要设置让用户连接的 IP 地址和 TCP 端口号,一般采用默认端口号 21。具体设置方法如下:

在 IIS 管理器中右击“默认 FTP 站点”,选择“属性”命令。在属性对话框中选择“FTP 站点”选项卡,按如图 3.32 所示的界面进行设置即可。

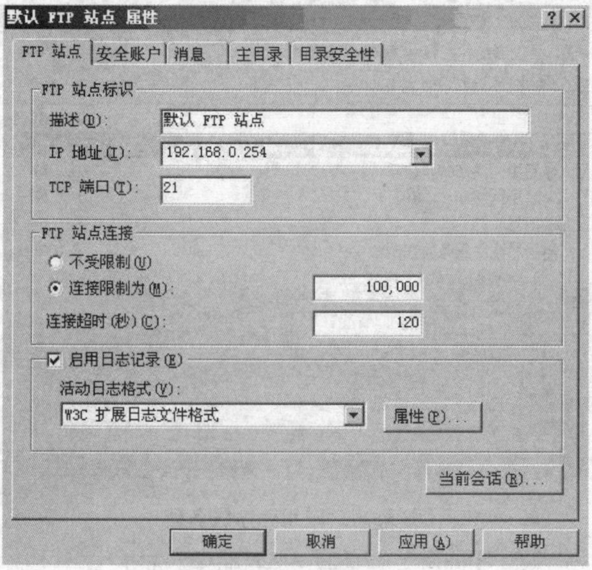

图 3.32 IP 地址和端口设置

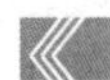

(2)主目录与目录列表样式

FTP 站点都必须有自己的主目录,默认主目录为“LocalDrive:\Inetpub\Ftproot”。为了确保站点和服务器的安全性,应该将主目录移动到非系统分区上。

设置主目录的操作方法如下:在属性对话框中选择“主目录”选项卡,打开如图 3.33 所示的界面。

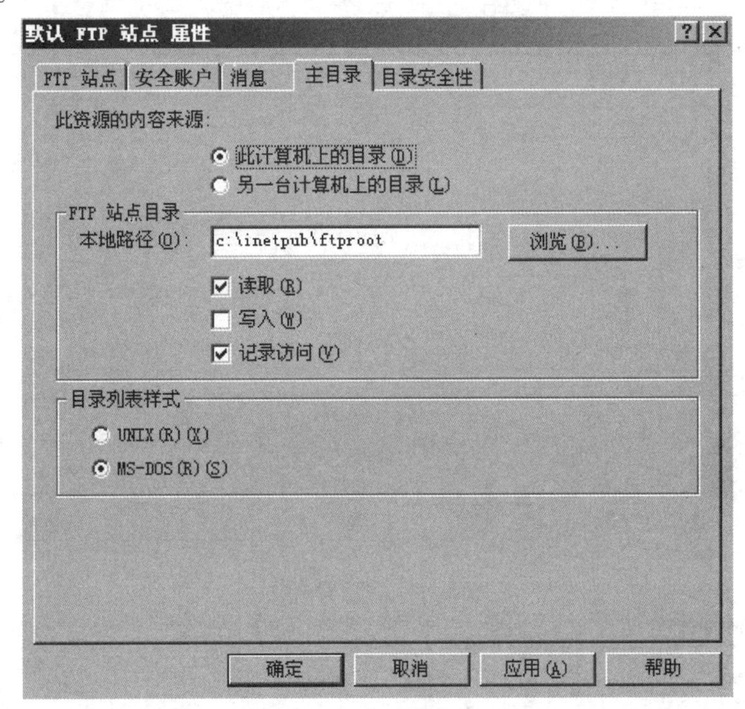

图 3.33　主目录

说明:

①可以设置主目录的访问权限,共有三种权限。

a. 读取:用户可以读取主目录内的文件,可以让用户下载文件。

b. 写入:用户可以在主目录内添加、修改、删除文件,可以让用户上传文件。

c. 记录访问:将连接到当前 FTP 站点的行为记录到日志文件中。

②“目录列表样式”,用来设置主目录内的文件在用户的屏幕上如何显示,包括 UNIX 风格和 MS-DOS 风格。

(3)通过 IP 地址来限制连接

如果管理员要限制 FTP 服务器,只允许内网的计算机访问 FTP 站点,下载文件。设置方法如下:

在属性对话框中选择“目录安全性”选项卡,打开如图 3.34 所示的界面。

选择所有计算机都将被“拒绝访问”,然后单击“添加”按钮,指定只允许 IP 地址在 192.168.0.0/24 网段的计算机才可以访问,结果如图 3.35 所示。

(4)验证用户身份

如果要求所有用户都可以访问 FTP 站点,并进行下载,那么这里就不要求验证用户身份。可以直接采用默认设置,即允许匿名访问。如图 3.36 所示。

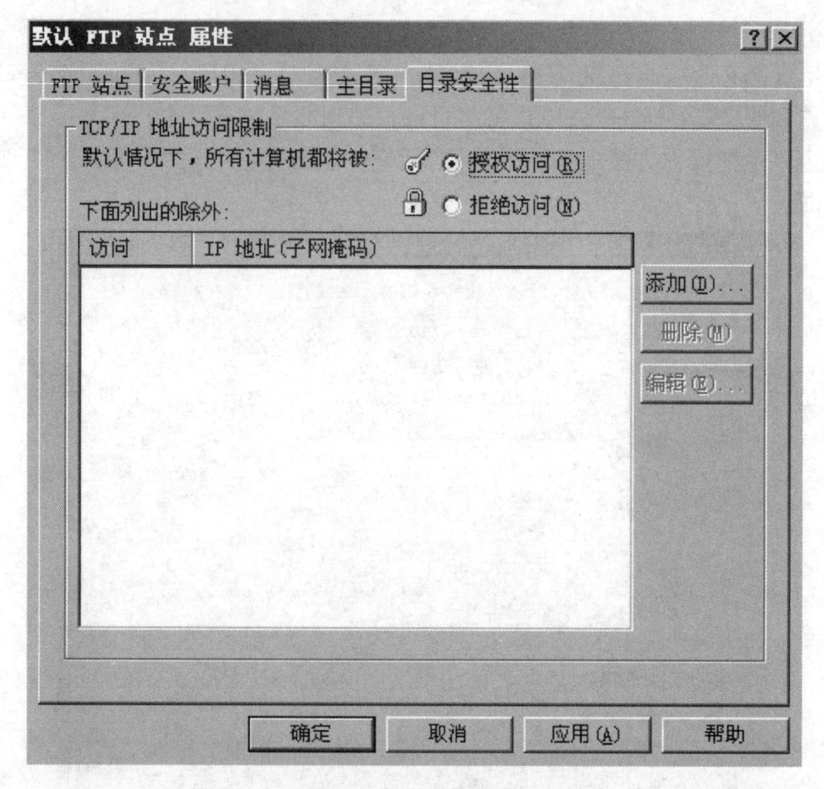

图 3.34　目录安全性

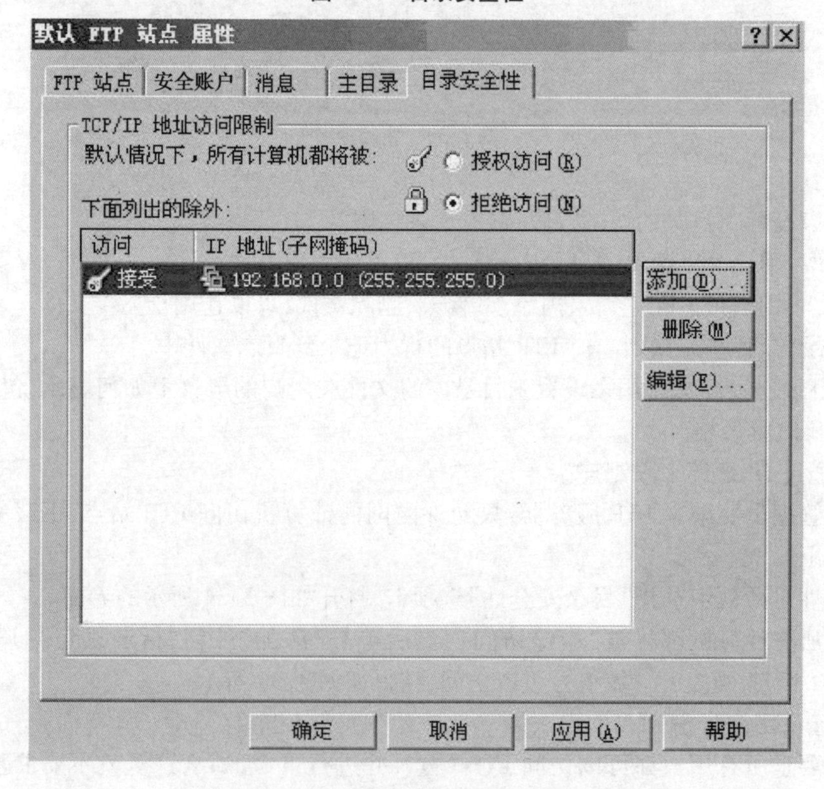

图 3.35　指定允许访问的计算机

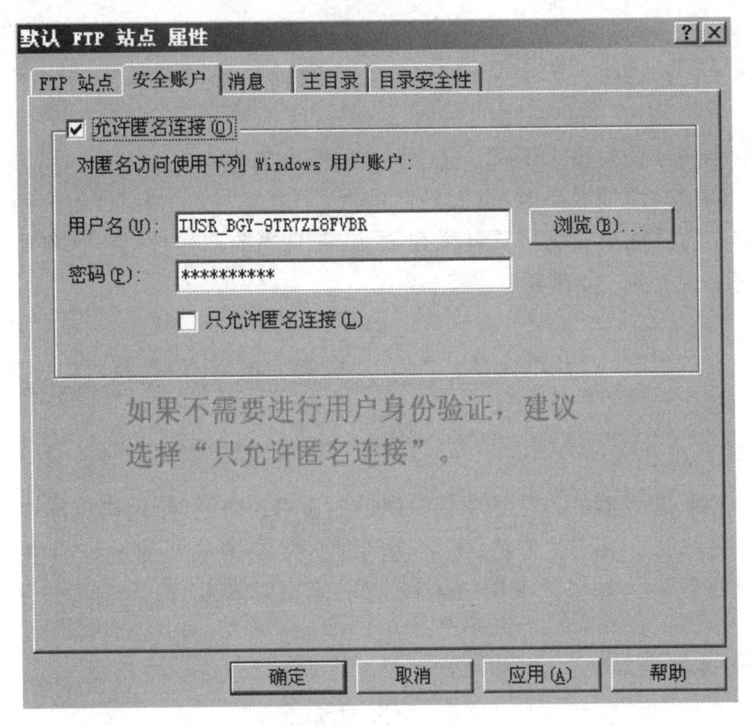

图 3.36 安全账户

(5)FTP 站点的消息设置

管理员可以设置 FTP 站点发送给客户端的一些提示消息。设置方法如下:

在属性对话框中选择“消息”选项卡,打开后的界面如图 3.37 所示。

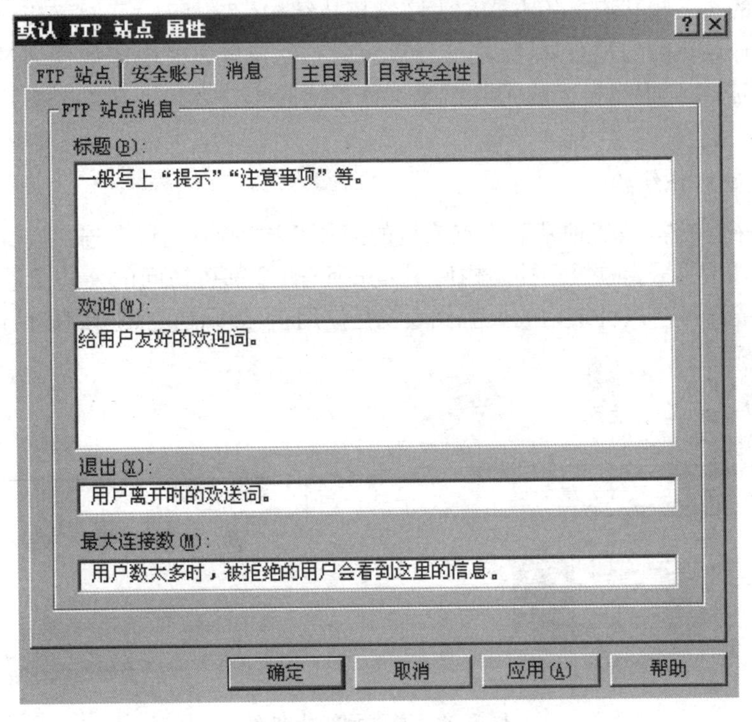

图 3.37 站点消息

说明:

①标题。当用户连接 FTP 站点时,首先会看到设置在“标题”中的文字,在用户登录之前出现。

②欢迎。当用户登录进入 FTP 站点时,会看到此消息。

③退出。当用户注销退出时,会看到此消息。

④最大连接数。如果设置了连接数目限制,而且当前连接数目已达到限制时,再有用户尝试连接 FTP 站点时,会看到此消息。

(6)配置完成

配置完成后,在属性对话框中单击“确定”配置完成后,用户就可以使用匿名方式访问 FTP 服务器了。

3)访问 FTP 服务器

用户访问 FTP 服务器的方法通常有 3 种:使用 FTP 命令、使用浏览器、专门的 FTP 客户端软件。最简单的是第二种方法,匿名访问时直接在浏览器的地址栏中输入“FTP://服务器域名或 IP”即可,如果要求用户名和密码,则可以输入“FTP://用户名:密码@服务器域名或 IP”。

3.4 学习资料

3.4.1 网络拓扑结构

网络中的设备相互连接的方式称为网络拓扑结构(Topology)。网络拓扑是指用传输媒体互联各种设备的物理布局,特别是计算机分布的位置以及电缆如何通过它们。设计一个网络的时候,应根据自己的实际情况选择正确的拓扑方式。基本网络拓扑结构有以下几种。

1)总线型拓扑结构

总线型拓扑结构是一种基于多点连接的拓扑结构,所有的设备连接在共同的传输介质上,如图 3.38 所示。总线拓扑结构使用一条所有 PC 都可访问的公共通道,每台 PC 只要连一条线缆即可。这种结构的典型代表就是使用粗、细同轴电缆所组成的以太网。

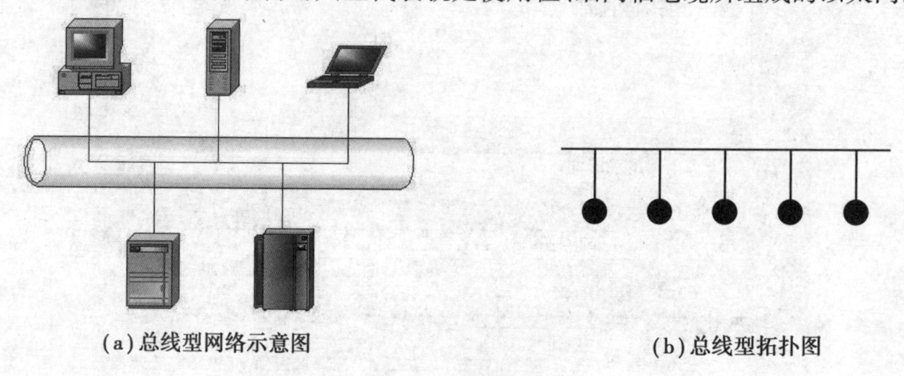

(a)总线型网络示意图　　(b)总线型拓扑图

图 3.38　总线型拓扑结构

优点:结构简单、布线容易、可靠性较高,易于扩充,是局域网常采用的拓扑结构。

缺点:所有的数据都需经过总线传送,总线成为整个网络的瓶颈;出现故障诊断较为困难。

2)星型拓扑结构

星型拓扑结构在中心放一台中心计算机,每个臂的端点放置一台 PC,所有的数据包及报文通过中心计算机来通信,如图 3.39 所示。星型拓扑结构在网络布线中较为常见。

优点:结构简单、容易实现、便于管理,连接点的故障容易监测和排除。

缺点:中心结点是全网络的可靠瓶颈,中心结点出现故障会导致网络瘫痪。

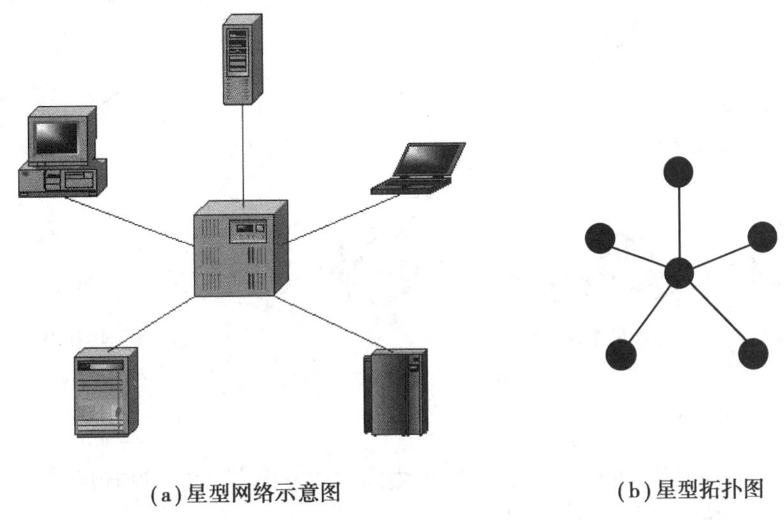

(a)星型网络示意图　　(b)星型拓扑图

图 3.39　星型拓扑结构

3)环型拓扑结构

环型拓扑结构把每台 PC 连接起来,数据沿着环依次通过每台 PC 直接到达目的地,如图 3.40 所示。

优点:结构简单,适合使用光纤,传输距离远,传输延迟确定。

缺点:可扩充性差。环网中的每个结点均成为网络可靠性的瓶颈,任意节点出现故障

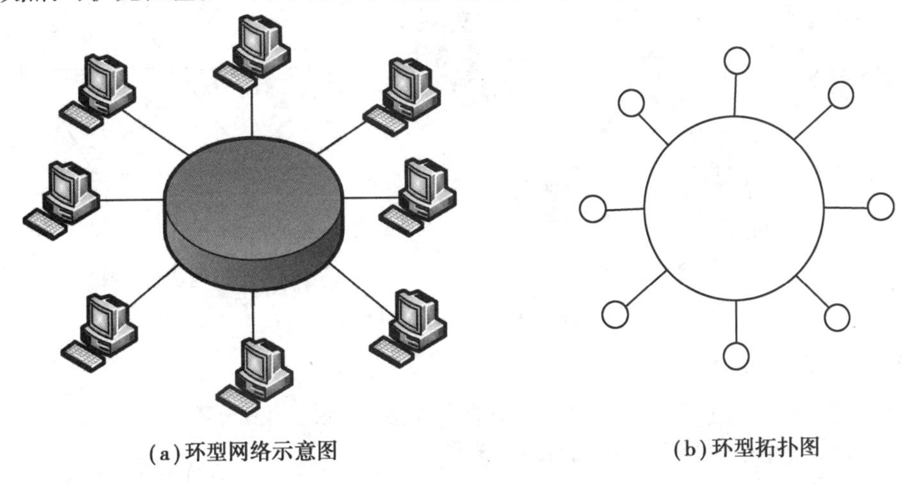

(a)环型网络示意图　　(b)环型拓扑图

图 3.40　环型拓扑结构

都会造成网络瘫痪,另外故障诊断也较困难。

4)树型拓扑结构

树型拓扑结构把整个电缆连接成树型,树枝分层每个分节点都有一台计算机,数据依次往下传。树型拓扑结构是从总线型拓扑结构和星型拓扑结构演变而来的,如图3.41所示。

优点:连接简单,易于扩展,适用于汇集信息的应用要求。

缺点:对根节点的依赖性大,一旦根节点出现故障,将导致全网瘫痪。另外,任何一个工作站或链路的故障都会可能影响网络的运行。

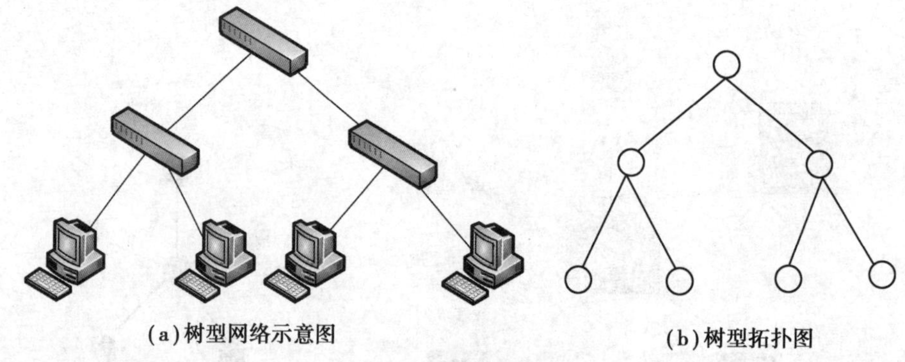

(a)树型网络示意图　(b)树型拓扑图

图3.41　树型拓扑结构

5)网状拓扑结构

网状拓扑结构又称为无规则结构,节点之间的连接是任意的,没有规律。目前广域网基本上采用网状拓扑结构,如图3.42所示。

优点:系统可靠性高,容错能力强。

缺点:结构复杂;在网状拓扑结构中,网络的每台设备之间均有点到点的链路连接,这种连接不经济。

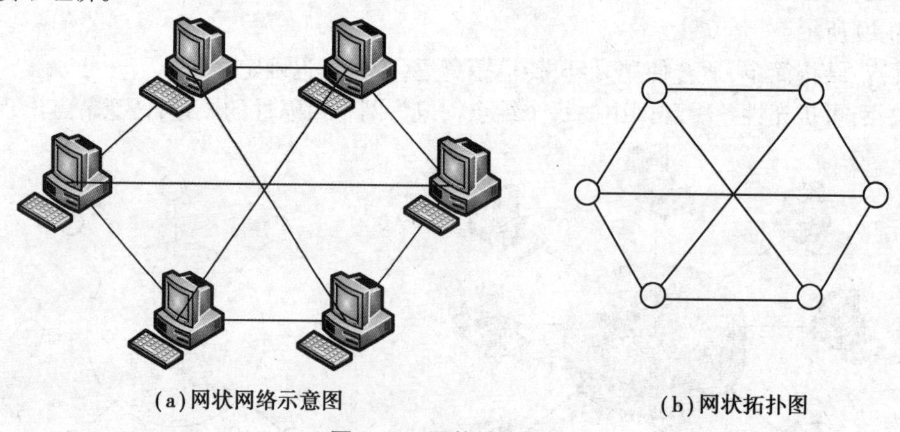

(a)网状网络示意图　(b)网状拓扑图

图3.42　网状拓扑结构

6)混合状拓扑结构

混合状拓扑结构由以上几种拓扑结构混合而成,如图3.43所示。

优点:可以对网络的基本拓扑取长补短。

缺点:网络配置难度大。

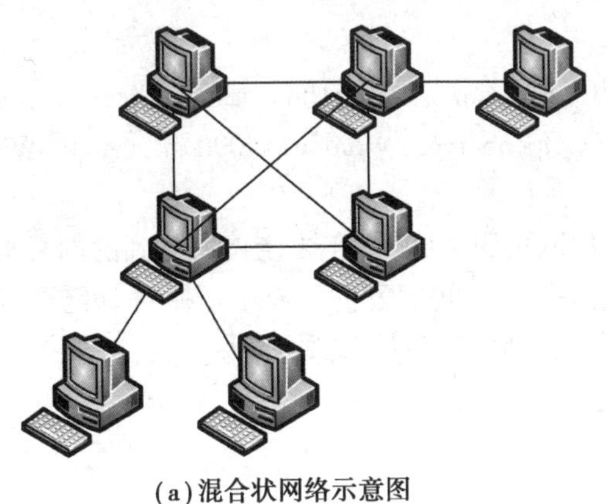

(a)混合状网络示意图

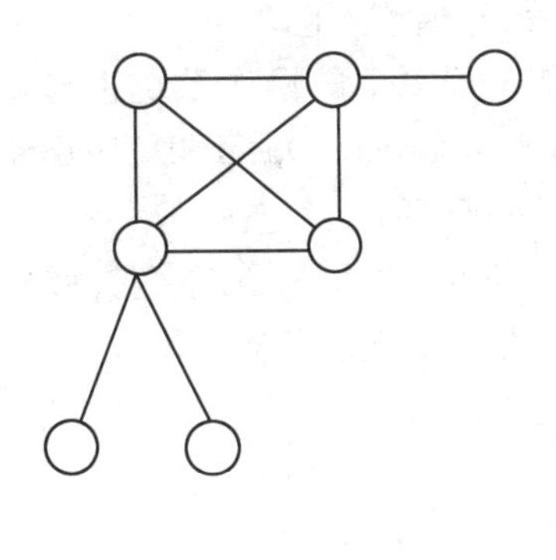

(b)混合状拓扑图

图 3.43 混合状拓扑结构

7)蜂窝拓扑结构

蜂窝拓扑结构是无线局域网中常用的结构,如图 3.44 所示。它以无线传输介质(微波、卫星、红外线、无线发射台等)点到点和点到多点传输为特征,是一种无线网,适用于城市网、校园网、企业网,更适合于移动通信。

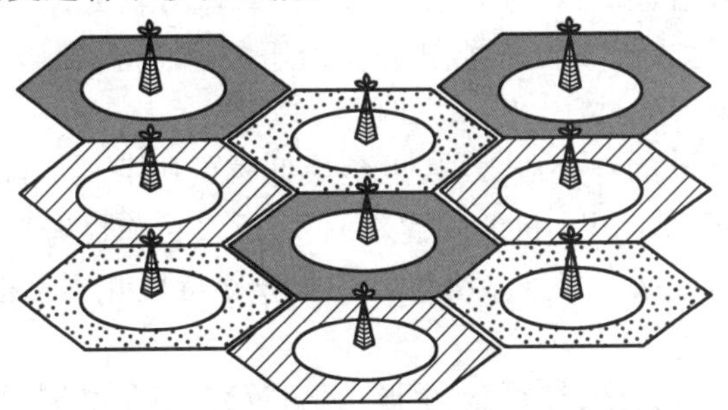

图 3.44 蜂窝拓扑结构

3.4.2 服务器介绍

这里所指的服务器是硬件,而非 Apache 这样的服务器软件。

服务器在英文中被称为"server",从广义上讲,服务器是指网络中能对其他机器提供某些服务的计算机系统(如果一个 PC 对外提供 FTP 服务,也可以称为服务器)。从狭义上来讲,服务器是专指某些高性能计算机,能够通过网络,对外提供服务。

图 3.45 联想万全服务器

服务器的构成与普通 PC 基本相似,有处理器、硬盘、内存、系统总线等,如图 3.45 所示,但二者的定位不同,个人计算机是为满足个人的需要而设计的,服务器是针对具体的网络应用特别制订的,在处理能力、稳定性、可靠性、安全性、可扩展性、可管理性等方面都要求更高。因此,CPU、芯片组、内存、磁盘系统、网络等硬件和普通 PC 有所不同。

服务器采用的操作系统也与普通 PC 不同，常见的有 Unix、Linux、FreeBSD、Solaris、Mac OS X Server、OpenBSD、NetBSD、SCO OpenServer，Windows 2000 Server 和 Windows Server 2003 等。

服务器可以用来搭建多种网络服务，如网页服务（我们平常上网所看到的网页页面的数据就是存储在服务器上供人访问的）、邮件服务（我们发的所有电子邮件都需要经过服务器的处理、发送与接收）、文件共享、打印共享服务、数据库服务等。

3.4.3 服务器的种类

按照不同的分类标准，服务器可分为许多种。

1）*按应用层次划分*

按应用层次划分通常也称为“按服务器档次划分”或“按网络规模”划分，是服务器最为普遍的一种划分方法，它主要根据服务器在网络中应用的层次（或服务器的档次来）来划分的。要注意的是，这里所指的服务器档次并不是按服务器 CPU 主频高低来划分，而是依据整个服务器的综合性能，特别是所采用的一些服务器专用技术来衡量的。按这种划分方法，服务器可分为入门级服务器、工作组级服务器、部门级服务器、企业级服务器。

（1）入门级服务器

这类服务器是最基础的一类服务器，也是最低档的服务器。随着 PC 技术的日益提高，现在许多入门级服务器与 PC 机的配置差不多，所以目前也有部分人认为入门级服务器与“PC 服务器”等同。这类服务器所包含的服务器特性并不是很多，通常只具备以下几方面特性：

①有一些基本硬件的冗余，如硬盘、电源、风扇等，但不是必需的。

②通常采用 SCSI 接口硬盘，现在也有采用 SATA 串行接口的。

③部分部件支持热插拔，如硬盘和内存等，这些也不是必需的。

图 3.46 IBM System x3100 入门级服务器

④通常只有一个 CPU，但不是绝对的，如 SUN 的入门级服务器有的就可支持两个处理器。

⑤内存容量也不会很大，一般在 1 GB 以内，但通常会采用带 ECC 纠错技术的服务器专用内存。

这类服务器主要采用 Windows 或者 NetWare 网络操作系统，可以充分满足办公室型的中小型网络用户的文件共享、数据处理、Internet 接入及简单数据库应用的需求。这种服务器与一般的 PC 机很相似，有很多小型公司干脆就用一台高性能的品牌 PC 机作为服务器，所以这种服务器无论在性能上还是价格上，都与一台高性能 PC 品牌机相差无几。

入门级服务器所连的终端比较有限（通常为 20 台左右），况且其稳定性、可扩展性以及容错冗余性较差，仅适用于没有大型数据库数据交换、日常工作网络流量不大，无须长期不间断开机的小型企业，如图 3.46 所示。不过目前有的比较大型

的服务器开发、生产厂商在企业级服务器中也划分出几个档次，其中最低档的一个企业级服务器档次就称为“入门级企业级服务器”，其含义与这里所指“入门级”的含义不同，不过这种划分还是比较少。这种服务器一般采用Intel的专用服务器CPU芯片，是基于Intel架构（俗称“IA结构”）的，当然这并不是一种硬性的标准规定，而是取决于服务器的应用层次和价位限制。

（2）工作组服务器

工作组服务器是一个比入门级高一个层次的服务器，但仍属于低档服务器，如图3.47所示。从这个名字也可以看出，它只能连接一个工作组（50台左右）的用户，网络规模较小，服务器的稳定性也不像以下我们要讲的企业级服务器那样高，当然在其他性能方面的要求也相应要低一些。工作组服务器具有以下几方面的主要特点：

图3.47 曙光天阔I450(r)-F工作组级服务器

①通常仅支持单或双CPU结构的应用服务器（但也不是绝对的，特别是SUN的工作组服务器就有能支持多达4个处理器的工作组服务器，当然这类服务器的价格也有所不同）。

②可支持大容量的ECC内存和增强服务器管理功能的SM总线。

③功能较全面、可管理性强，且易于维护。

④采用Intel服务器CPU和Windows/NetWare网络操作系统，但也有一部分采用Unix系列操作系统。

⑤可以满足中小型网络用户的数据处理、文件共享、Internet接入及简单数据库应用的需求。

工作组服务器较入门级服务器来说性能有所提高，功能有所增强，有一定的可扩展性，但容错和冗余性能仍不完善，也不能满足大型数据库系统的需要，而且价格也比前者贵许多，一般相当于2～3台高性能的PC品牌机总价。

（3）部门级服务器

部门级服务器属于中档服务器，一般都是支持双CPU以上的对称处理器结构，具备比较完全的硬件配置，如磁盘阵列、存储托架等。部门级服务器的最大特点就是，除了具有工作组服务器全部服务器特点外，还集成了大量的监测及管理电路，具有全面的服务器管理能力，可监测如温度、电压、风扇、机箱等状态参数，结合标准服务器管理软件，使管理人员及时了解服务器的工作状况。同时，大多数部门级服务器具有优良的系统扩展性，能够满足用户在业务量迅速增大时能够及时在线升级系统，充分保护用户的投资。它是企业网络中分散的各基层数据采集单位与最高层的数据中心保持顺利连通的必要环节，一般为中型企业的首选，也可用于金融、邮电等行业。

部门级服务器一般采用IBM、SUN和HP各自开发的CPU芯片，这类芯片一般是RISC结构，所采用的操作系统一般是Unix系列操作系统，现在的Linux也在部门级服务器中得到了广泛应用。以前能生产部门级服务器的厂商通常只有IBM、HP、SUN、COMPAQ（现在也已并入HP）几家，不过随着其他一些服务器厂商开发技术的进步，现在能开发、生产部门级服务器的厂商比以前多了许多。国内也有好几家厂商具备这个实力,如联想、曙光、浪潮等。因为并没有一个行业标准来规定怎样的服务器配置才够得上部门级服务器,所以现在也有许多实力并不雄厚的企业也声称其拥有部门级服务器生产技术,但其产品配置却基本上与入门级服务器没什么差别,用户要特别注意。

部门级服务器可连接100个左右的计算机用户,适用于对处理速度和系统可靠性高一些的中小型企业网络,其硬件配置相对较高,其可靠性比工作组级服务器要高一些,当然其价格也较高(通常为5台左右高性能PC机价格的总和)。由于这类服务器需要安装比较多的部件,因此机箱通常较大,采用机柜式的,如图3.48所示。

图3.48　联想万全R150部门级服务器

(4)企业级服务器

企业级服务器属于高档服务器行列,正因如此,能生产这种服务器的企业也不是很多,但同样因没有行业标准硬件规定企业级服务器需达到什么水平,所以现在也看到了许多本不具备开发、生产企业级服务器水平的企业声称自己拥有企业级服务器生产技术。企业级服务器最起码是采用4个以上CPU的对称处理器结构,有的高达几十个。另外一般还具有独立的双PCI通道和内存扩展板设计,具有高内存带宽、大容量热插拔硬盘和热插拔电源、超强的数据处理能力和群集性能等。这种企业级服务器的机箱就更大了,一般为机柜式的,有的还由几个机柜来组成,像大型机一样,如图3.49所示。企业级服务器产品除了具有部门级服务器全部的特性外,最大的特点就是它还具有高度的容错能力、优良的扩展性能、故障预报警功能、在线诊断功能,RAM、PCI、CPU等具有热插拔性能。有的企业级服务器还引入了大型计算机的许多优良特性,如IBM和SUN公司的企业级服务器。这类服务器所采用的芯片也都是几大服务器开发、生产厂商自己开发的独有CPU芯片,所采用的操作系统一般也是Unix(Solaris)或Linux。目前在全球范围内能生产高档企业级服务器的厂商也只有IBM、HP、SUN这么几家,绝大多数国内外厂家的企业级服务器都只能算中、低档企业级服务器。

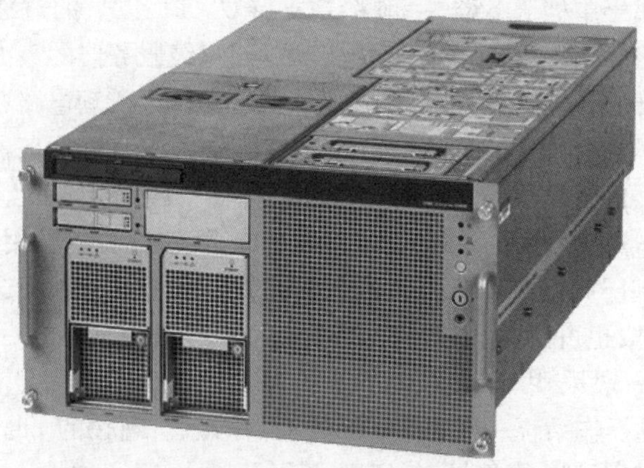

图3.49　Sun SPARC Enterprise M4000企业级服务器

企业级服务器适合运行在需要处理大量数据、高处理速度和对可靠性要求极高的金融、证券、交通、邮电、通信或大型企业。企业级服务器用于联网计算机在数百台以上、对处理速度和数据安全要求非常高的大型网络。企业级服务器的硬件配置最高,系统可靠性也最强。

2)按架构划分

服务器按照结构可以分为 CISC 架构的服务器和 RISC 架构的服务器。

CISC 架构主要指的是采用英特尔架构技术的服务器,即常说的“PC 服务器”;RISC 架构的服务器指采用非英特尔架构技术的服务器,如采用 Power PC、Alpha、PA-RISC、Sparc 等 RISC CPU 的服务器。

RISC 架构服务器的性能和价格比 CISC 架构的服务器高得多。近几年来,随着 PC 技术的迅速发展,IA 架构服务器与 RISC 架构的服务器之间的技术差距已经大大缩小,用户基本上倾向于选择 IA 架构服务器,但是 RISC 架构服务器在大型、关键的应用领域中仍然居于非常重要的地位。

3)按用途划分

按照用途,服务器又可以分为通用型服务器和专用型(或称“功能型”)服务器,如实达的沧海系列功能服务器。

通用型服务器是没有为某种特殊服务专门设计的可以提供各种服务功能的服务器,当前大多数服务器是通用型服务器。

专用型(或称“功能型”)服务器是专门为某一种或某几种功能专门设计的服务器,在某些方面与通用型服务器有所不同。如光盘镜像服务器是用来存放光盘镜像的,那么就需要配备大容量、高速的硬盘以及光盘镜像软件。

4)按外观划分

按照外观,服务器可以分为塔式服务器、机架式服务器和刀片式服务器。

(1)塔式服务器

塔式服务器是目前应用较为广泛、较为常见的一种服务器。塔式服务器从外观上看就像一台体积比较大的 PC,机箱做工一般比较扎实,非常沉重,如图 3.50 所示。

图 3.50 浪潮英信 NP350 塔式服务器

塔式服务器由于机箱很大,可以提供良好的散热性能和扩展性能,并且配置可以很高,可以配置多路处理器、多根内存和多块硬盘,当然也可以配置多个冗余电源和散热风扇。如图 3.50 所示的 IBM x3800 服务器可以支持 4 路 Intel“至强”处理器,提供了 16 个内存插槽,内存最大可以支持 64 GB,并且可以安装 12 个热插拔硬盘。

塔式服务器由于具备良好的扩展能力,配置上可以根据用户需求进行升级,因此可以满足企业大多数应用的需求,所以塔式服务器是一种通用的服务器,可以集多种应用于一身,非常适合服务器采购数量要求不高的用户。塔式服务器在设计成本上要低于机架式和刀片服务器,所以价格通常也较低,目前主流应用的工作组级服务器一般都采用塔式结构，当然部门级和企业级服务器也会采用这一结构。

塔式服务器虽然具备良好的扩展能力，但是即使扩展能力再强，一台服务器的扩展升级也会有限，而且塔式服务器需要占用很大的空间，不利于服务器的托管，所以在需要密集型服务器部署、实现多机协作的领域，塔式服务器并不占优势。

(2)机架式服务器

机架式服务器顾名思义就是“可以安装在机架上的服务器”。机架式服务器相对塔式服务器大大节省了空间占用，节省了机房的托管费用，并且随着技术的不断发展，机架式服务器有着不逊色于塔式服务器的性能，机架式服务器是一种平衡了性能和空间占用的解决方案，如图 3.51 所示。

图 3.51　惠普 DL 360 G5 机架式服务器

机架式服务器可以统一地安装在按照国际标准设计的机柜当中，机柜的宽度为 19 英寸(1 英寸=2.54 cm)，机柜的高度以 U 为单位，1 U 是一个基本高度单元，为 1.75 英寸，机柜的高度有多种规格，如 10 U、24 U、42 U 等，机柜的深度没有特别要求，如图 3.52 所示。通过机柜安装服务器可以使管理、布线更为方便整洁，也方便和其他网络设备连接。

机架式服务器也是按照机柜的规格进行设计，高度也是以 U 为单位，比较常见的机架服务器有 1 U、2 U、4 U、5 U 等规格。通过机柜进行安装可以有效节省空间，但是机架式服务器由于机身受到限制，在扩展能力和散热能力上不如塔式服务器，这就需要对机架式服务器的系统结构专门进行设计，如主板、接口、散热系统等，这样就使机架式服务器的设计成本提高，所以价格一般也要高于塔式服务器。由于机箱空间有限，机架式服务器也能像塔式服务器那样配置非常均衡，可以集多种应用于一身，因此机架式服务器还是比较适用于一些针对性比较强的应用，如需要密集型部署的服务运营商、群集计算等。

(3)刀片服务器

刀片式结构是一种比机架式更为紧凑整合的服务器结构。它是专门为特殊行业和高密度计算环境所设计的。刀片服务器在外形上比机架服务器更小，只有机架服务器的$\frac{1}{3}$至$\frac{1}{2}$，这样就可以使服务器密度更加集中，更大地节省了空间，如图 3.53 所示。

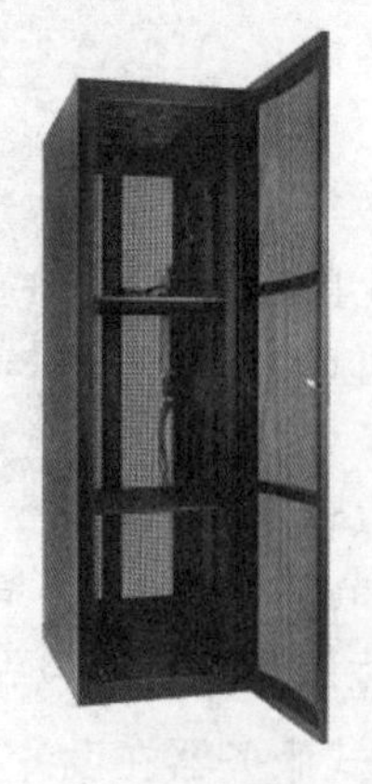

图 3.52　服务器机柜

图 3.53　IBM 刀片服务器

图 3.54 安装到机柜的刀片服务器

每个刀片就是一台独立的服务器，具有独立的 CPU、内存、I/O 总线，通过外置磁盘可以独立地安装操作系统，可以提供不同的网络服务，相互之间并不影响。刀片服务器也可以像机架服务器那样，安装到刀片服务器机柜中，形成一个刀片服务器系统，可以实现更为密集的计算部署，如图 3.54 所示。

多个刀片服务器可以通过刀片架进行连接，通过系统软件可以组成一个服务器集群，可以提供高速的网络服务，实现资源共享，为特定的用户群服务。如果需要升级，可以在集群中插入新的刀片服务器。刀片服务器可以进行热插拔，升级非常方便。每个刀片服务器不需要单独的电源等部件，可以共享服务器资源，这样可以有效降低功耗，并节省成本。刀片服务器不需要对每个服务器单独进行布线，可以通过机柜统一地进行布线和集中管理，这样为连接管理提供了非常大的方便，可以有效节省企业总体成本。

虽然刀片服务器在空间节省、集群计算、扩展升级、集中管理、总体成本方面相对于另外两种结构的服务器具有很大的优势，但是刀片服务器至今还没有形成一个统一的标准，刀片服务器的几大巨头如 IBM、HP、SUN 各自有不同的标准，互不兼容。刀片服务器标准之争目前仍在继续，这样导致了刀片服务器用户选择的空间很狭窄，制约了刀片服务器的发展。

3.4.4 交换机端口扩展

在大多数情况下，一台交换机不能满足用户的需求，为了使交换机满足网络对端口数量的需求，需要使用多台交换机对交换机端口进行扩展，目前广泛使用的交换机端口扩展方式包括堆叠扩展和级联扩展。

1）堆叠扩展

交换机堆叠是通过厂家提供的一条专用连接电缆，从一台交换机的“UP”堆叠端口直接连接到另一台交换机的“DOWN”堆叠端口，以实现单台交换机端口数的扩充，如图 3.55 所示。一般交换机能够堆叠 4 ~9 台 。

堆叠技术是目前在以太网交换机上扩展端口使用较多的另一类技术，是一种非标准化技术。目前流行的堆叠模式主要有两种：菊花链模式和星型模式。

堆叠的优点是不会产生性能瓶颈，因为通过堆叠，可以增加交换机的背板带宽，不会产生性能瓶颈。通过堆叠，可以在网络中提供高密度的集中网络端口，根据设备的不同，一般情况下最大可以支持 8 层堆叠，这样就可以在某一位置提供上百个端口。堆叠后的设备在网络管理过程中就变成了一个网络设备，只要赋予一个 IP 地址，方便管理，也节约管理成本。堆叠的缺点主要是受设备限制，并不是所有的交换机都支持堆叠，不同厂家的设备有时不能很好地兼容，一般只有相同厂家生产的同一型号的交换机才能相互堆叠。因为受到堆叠线缆长度的限制，堆叠的交换机之间的距离要求很近。

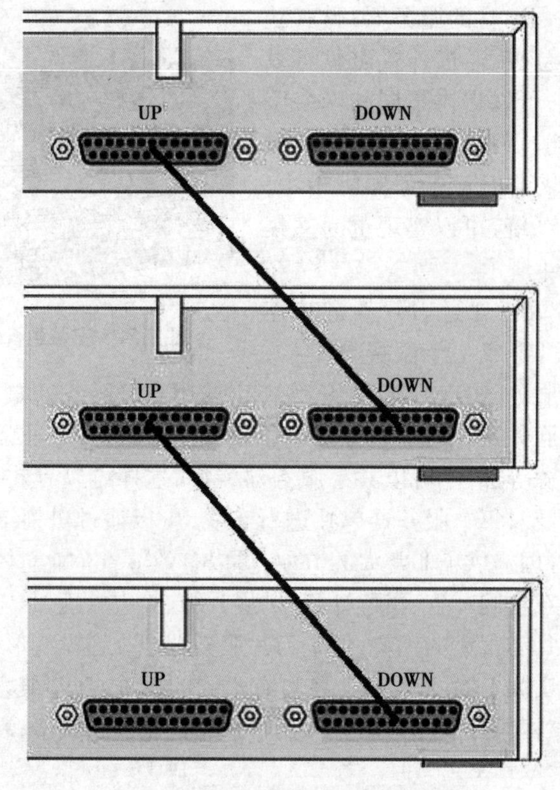

图 3.55　交换机堆叠

2)级联扩展

级联扩展模式是最常规、最直接的一种扩展方式,其优点是可以延长网络的距离,理论上可以通过双绞线和多级的级联方式无限远地延长网络距离,级联后在网络管理过程中仍然是多个不同的网络设备。另外级联基本上不受设备的限制,不同厂家的设备可以任意级联。级联的缺点就是多个设备的级联会产生级联瓶颈。例如,两个百兆交换机通过一根双绞线级联,这时它们的级联带宽是百兆,这样不同交换机之间的计算机要通信,都只能通过这百兆带宽。

交换机的级联又分为两种,一种是 Uplink 与普通口之间的连接,另一种是普通口与普通口之间的连接。采用不同的方式,连接也有所不同。

第一种就是使用普通的双绞线将一台交换机的级联端口(如 Uplink 口)与另一台交换机的普通口之间进行连接,这样就完成了简单的级联连接,如图 3.56 所示。

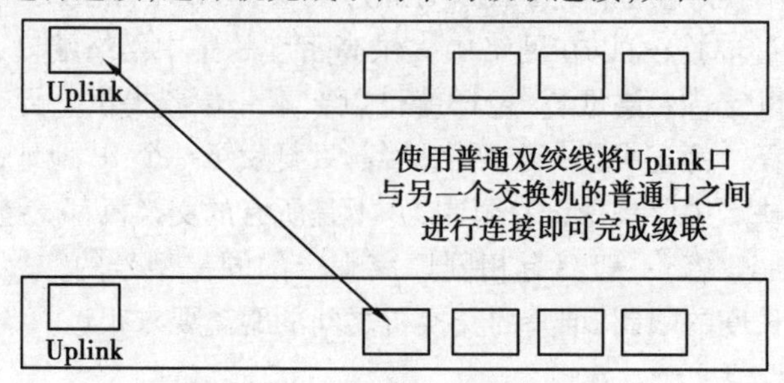

图 3.56　使用级联端口进行级联

现在有一些交换机不提供级联口,有些交换机默认24口为级联口,因此在实际使用时要注意测试一下。对于不提供级联口的交换机,可用交叉线将两台交换机的普通口进行连接,实现级联,如图3.57所示。

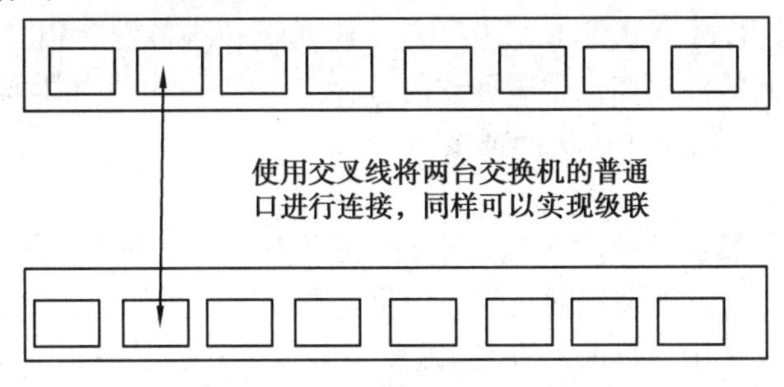

图3.57 使用普通端口进行级联

3.4.5 代理服务器介绍

在一般情况下,我们使用网络浏览器直接去连接其他Internet站点取得网络信息时,是直接联系到目的站点服务器,然后由目的站点服务器把信息传送回来。代理服务器是介于客户端和Web服务器之间的另一台服务器,有了它之后,浏览器不是直接到Web服务器去取回网页,而是向代理服务器发出请求,信号会先送到代理服务器,由代理服务器来取回浏览器所需要的信息并传送给你的浏览器。

在网址框中输入要访问的网站地址,点击代理浏览便会打开新的窗口链接代理服务器,等待几秒即可,如果此时出现无法链接服务器等错误,请尝试选择其他的服务器,因为代理服务器对资源的消耗比较大,并且存在时效性,因此有时候无法打开,必须多次尝试代理服务器。每天自动更新最新可用服务器。

大部分代理服务器都具有缓冲的功能,就好像一个大的Cache,它有很大的存储空间,它不断将新取的数据储存到它本机的存储器上,如果浏览器所请求的数据在它本机的存储器上已经存在而且是最新的,那么它就不重新从Web服务器获取数据,而直接将存储器上的数据传送给用户的浏览器,这样就能显著提高浏览速度和效率。

更重要的是:代理服务器是Internet链路级网关所提供的一种重要的安全功能,它的工作主要在开放系统互联(OSI)模型的对话层,从而起到防火墙的作用。

鉴于上述原因,代理服务器大多被用来连接Internet(国际互联网)和Intranet(局域网)。

1)代理服务器的用途

(1)共享网络

代理服务器最常见的用途是共享上网,很多人在不知不觉中就已经使用,比如通过SyGate,WinGate,ISA,CCProxy,NT系统自带的网络共享等,可以提供企业级的文件缓存、复制和地址过滤等服务,充分利用局域网出口的有限带宽,加快内网用户的访问速度,可以解决仅仅一条线路一个IP,IP资源不足,带局域网很多用户上网的功能,同时可以作为一个防火墙,隔离内网与外网,并且能提供监控网络和记录传输信息的功能,加强了局域网的安全性,又便于对上网用户进行管理。

(2)访问代理

代理服务器可加快访问网站速度。在网络出现拥挤或故障时,可通过代理服务器访问目的网站。比如A要访问C网站,但A到C网络出现问题,可以通过绕道,假设B是代理服务器,A可通过B,再由B到C。还有一类代理服务器备份有相当数量的缓存文件,如果我们当前所访问的数据在代理服务器的缓存文件中,则可直接读取,而无须再连接到远端Web服务器。这样,加快了访问速度。

(3)防止攻击

代理服务器可隐藏自己的真实地址信息,还可隐藏自己的IP,防止被黑客攻击。通过分析指定IP地址,可以查询到网络用户的目前所在地。例如,大家在一些论坛上看到,论坛中明确标出了发帖用户目前所在地,这就是根据论坛会员登录时的IP地址解析的。还有平时我们最为常用的显IP版QQ,在“发送消息”窗口中,可以查看对方的IP及解析出的地理位置。而当我们使用相应协议的代理服务器后,就可以达到隐藏自己当前所在地地址的目的了。

(4)突破限制

代理服务器还可以突破网络限制。比如局域网对上网用户的端口、目的网站、协议、游戏、即时通信软件等的限制都可以使用代理服务器突破这些限制。

(5)隐藏身份

网络中的很多攻击行为都是通过代理服务器进行的,从而隐藏攻击者的身份,比如扫描、刺探等对局域网内机器进行渗透,一般都是中转了很多级跳板才攻击目标机器。

(6)提高速度

代理服务器可提高下载速度,突破下载限制。比如有的网站提供的下载资源,做了“一IP一线程”的限制,这时候可以用影音传送带,设置多线程,为每个线程设置一个代理。对于限制一个IP的情况很好突破,只要用不同的代理服务器,就可同时下载多个资源,适用于从Web和FTP上下载的情况。不过如果是论坛里面的资源,每个用户一个账号,并且限制一账号一IP,代理服务器就突破不了。还有一种情况,比如有时电信的用户上不了联通的电影网站,联通的用户上不了电信的电影网站,这种情况只要电信的找一个联通的代理,IP地址属联通就行。联通找一个电信代理,就可以去电影网站下载其电影。教育网还可以通过代理服务器使无出国权限或无访问某IP段权限的计算机访问相关资源。

代理服务的实现十分简单,它只需在局域网的一台服务器上运行相应的服务器端软件就可以了。

2)著名的代理服务器软件

目前代理服务器软件产品主要有Microsoft Proxy,Microsoft ISA,WinProxy、WinGate、WinRoute、SyGate、CCProxy、SuperProxy等,这些代理软件不仅可以为局域网内的PC提供代理服务,还可以为基于Windows网络的用户提供代理服务;而在Unix/Linux系统主要采用Squid和Netscape Proxy等服务器软件作为代理。

(1)Microsoft Proxy代理服务器

Microsoft Proxy包括了Web Proxy、Socks Proxy、Winsock Proxy。其中Web Proxy支持HTTP、FTP等服务,WinSock Proxy支持Telnet、电子邮件、RealAudio、IRC、ICQ等服务,

Socks Proxy 负责中转使用 S0cks 代理服务的程序与外界服务器间的信息交换。在运行 Windows NT/2000 的服务器上安装 Microsoft Proxy 后,各工作站就可以使用 Web Proxy 提供的服务,上网浏览、使用 FTP 等。如果要使用 winSock Proxy 和 Socks Proxy 提供的服务,必须要在客户端安装配置程序,并且还要在服务器端进行设置。

相对于 SyGate、WinGate 等简易的代理服务器软件,Microsoft Proxy Server 功能更强大,适用于企业级或大型网吧的局域网,但由于它一定要运行在 Windows NT/2000 上,且配置比较复杂,小型局域网使用较少。

(2) Microsoft ISA 代理服务器

Microsoft Internet Security and Acceleration Server,简称 Microsoft ISA 或 ISA Server,是 Microsoft Proxy Server 的升级换代产品。ISA Server 是一个可扩展的企业防火墙和 Web 缓存服务器,可与 Windows 2000/2003 集成,以便为联网用户实现基于策略的安全、数据访问的加速。

ISA Server 构建在 Windows 2000/2003 安全、目录、虚拟专用网络(VPN)和带宽控制基础之上。不论是作为一组单独的防火墙或缓存服务器来部署,还是以集成的模式来部署,ISA Server 均可增强网络的安全性,实施一致的 Internet 使用策略,加速 Internet 的访问,并最大限度地提高各种规模公司员工的办公效率。

(3) WinGate

WinGate 是老牌 Proxy 类型共享上网软件,由于 NAT 灵活透明,现在已经在原 Proxy 服务功能上加入了 NAT 功能,支持更多网络软件,现有的网络应用协议都能支持,支持 Modems,T1-T3,DSL,Cable,ISDN 等多种互联网连接方式。WinGate 可以作为一道坚固的防火墙,能控制企业内部网络的出入访问。相对同类软件,WinGate 有很多优点,如可以限制用户对 Internet 访问的能力,通过 GateKeeper 提供强劲的远程控制和用户认证能力(Pro 版)、记录和审计能力等。

作为一款经典的代理服务软件,WinGate 能够提供多种网络代理服务。其最新版除了提供常用的 HTTP、Socks 代理服务以外,还支持 DHCP、DNS 服务。同时,它还提供了完整的 POP3 和 SMTP 服务,用户可以借此构建一个邮件服务器。WinGate 还特别提供了按需拨号功能。更方便的是,WinGate 还能够与 Windows 用户进行集成,Windows NT/2000 系统用户可以直接使用已创建好的用户信息。可以到 www. wingate. com 下载最新版本。

(4) WinProxy

WinProxy 是由 Ositis 软件公司开发的标准 Proxy 型代理软件,只要安装在局域网的服务器上就可以了,它可以让局域网的多台客户机通过服务器上网。它支持 Socks 4 & 5,利用 WinProxy 的 Socks 协议可以让客户机连通 QQ。

WinProxy 是一款集 NAT、代理和防火墙三者为一体的代理软件,它能够支持我们提到过的多种代理方式,同样也能够支持常见的协议,例如 HTTP,FTP,POP3,Socks4,Socks5 等,并且还具有网络病毒监测能力,阻止外界计算机病毒的入侵,管理控制能力很强,其最新版本也加入了 NAT 功能以便支持更多的互联网应用协议。从功能上看,WinProxy 与 WinGate 十分相似,但不如 WinGate 强大,其性能介于 WinGate 和 CCProxy 之间,对于那些不想使用复杂软件 WinGate,但还需要使用 NAT 共享方式的用户来说,这是一个相当不错的选择。

(5)WinRoute

WinRoute 除了具有代理服务器的功能外,还具有 NAT(Network Address Translation,网络地址转换)、防火墙、邮件服务器、DHCP 服务器、DNS 服务器等功能,能为用户提供一个功能强大的软网关。

WinRoute 有很多选项设置,涉及网络配置的方方面面,但是它的帮助系统却不是很完善,由于 WinRoute 具有 DHCP 服务器的功能,局域网内部的机器还可配置成由 WinRoute 动态分配的 IP 地址。WinRoute 的 Commands 选单比较简单,可以进行拨号、断线、收发电子邮件等操作。总体来说,WinRoute 的网络功能相当全面,是一个优秀的软网关;美中不足的就是它的用户界面显得有些简单,帮助系统不完善,从而增加了配置工作的难度。

(6)SyGate

SyGate 是一种支持多用户访问因特网的软件,并且只通过一台计算机,共享因特网账号,达到上网的目的。使用 SyGate 若干个用户能同时通过一个小型网络,迅速、快捷、经济地访问因特网。SyGate 易于安装,并且通常不需要其他外加的设置。和其他代理服务器软件不同,SyGate 仅安装 Server 便可以了。SyGate 拥有直观的图形化界面,懂得操作 Windows 的人员均会操作。SyGate 启动后便在后台运行,不需要人工的干预,易于管理。

在 TCP/IP 网络上,SyGate Client 能让用户从任何一台计算机上远程监察和管理 SyGate Server。SyGate 诊断程序在任何时候都能帮助用户确定系统设置及解决网络连接的问题。SyGate 设有使用日志文件以及系统设置文件,在需要的时候可轻易地查询与检测。

(7)CCProxy 代理服务器

CCProxy 是国内较流行、下载量较大的国产代理服务器软件,它主要用于局域网内共享 Modem、ADSL、宽带、专线、ISDN 等代理上网,能满足小型网络用户所有的代理需求。它支持 HTTP、FTP、Socks4、Socks5 等多种代理协议,虽然不具备与 Windows 用户的集成能力,但 CCProxy 可以自行创建用户,并允许网管员根据需要为不同用户分配不同的权限。而通过相关规则的设定,CCProxy 还可以控制客户端代理上网权限,针对不同用户合理安排上网时间,监视上网记录,限制不同用户带宽流量,十种文字界面,设置简单,功能强大,适合中小企业共享代理上网,并对单个用户连接数、访问网址等加以限制。

总体来说,CCProxy 可以完成两项大的功能:代理共享上网和客户端代理权限管理。CCProxy 非常适合中国用户使用,无论是政府机关部门、大中小公司、学校或是网吧,CCProxy 都是实现共享上网的首选代理服务器软件。

3.5 拓展训练

Serv-U 是一种被广泛运用的 FTP 服务器端软件,支持 9x/ME/NT/2K 等全 Windows 系列。与 IIS 提供的 FTP 相比,它设置简单,功能强大,性能稳定。FTP 服务器用户通过它用 FTP 协议能在 Internet 上共享文件。它并不是简单地提供文件的下载,还为用户的系统安全提供了相当全面的保护。例如,用户可以为 FTP 设置密码、设置各种用户级的访问许可等。Serv-U 不仅 100% 遵从通用 FTP 标准,也包括众多的独特功能,可为每个用户提供文件共享的完美解决方案。它可以设定多个 FTP 服务器、限定登录用户的权限、

登录主目录及空间大小等，功能非常完备。它具有非常完备的安全特性，支持 SSl FTP 传输，支持在多个 Serv-U 和 FTP 客户端通过 SSL 加密连接保护数据安全等。

①要想使用 Serv-U 需要首先下载并安装，用户可以下载绿色汉化版，将其解压缩。如图 3.58 所示，其中 ServUAdmin. exe 是配置管理工具，ServUTray. exe 是驻留系统托盘的工具，ServUDaemon. exe 是 Serv-U 后台运行的守护程序。只要 ServUDaemon. exe 在运行，FTP 就已经在运行了，其他两个程序不过是个工具，有时候 Serv-U 运行时系统托盘里什么也没有，但是其他人仍然可以登录你的 FTP，就是因为 ServUDaemon. exe 在后台运行中。

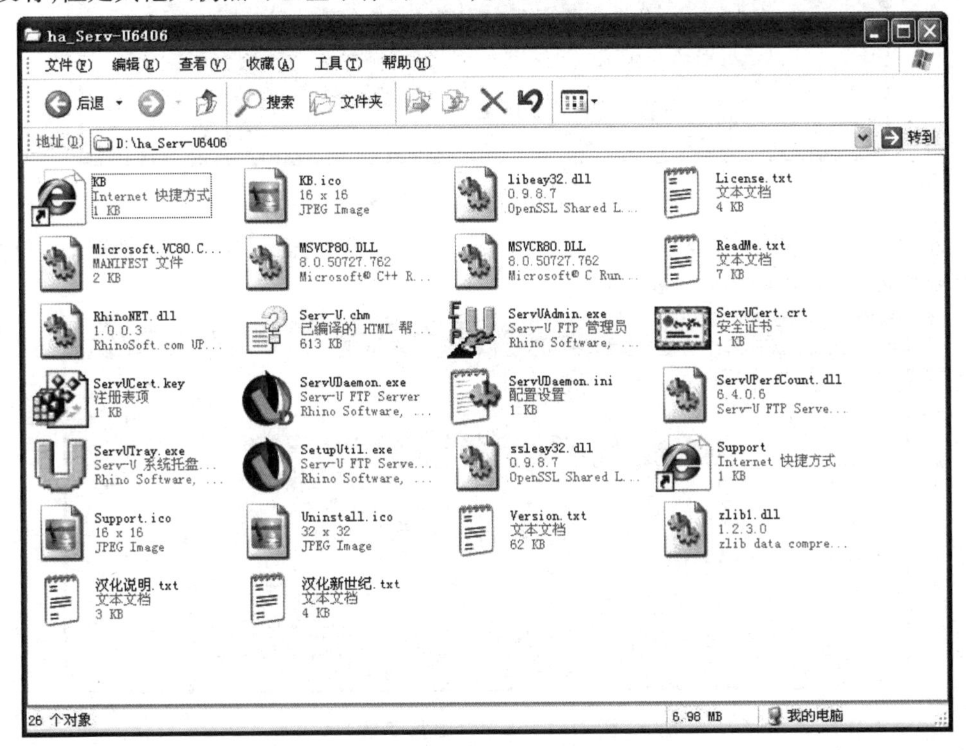

图 3.58　Serv-U 安装文件

②双击 ServUAdmin 启动 Serv-U，第一次运行程序，它会弹出设置向导窗口将会带用户完成最初的设置，如图 3.59 所示。

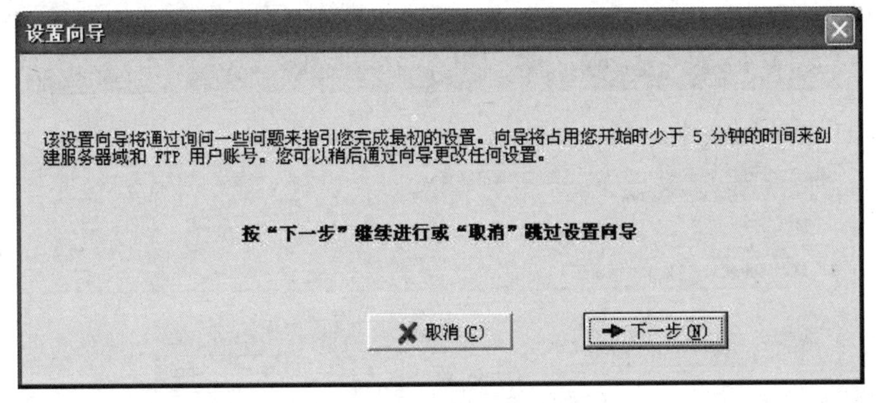

图 3.59　设置向导

③单击“下一步”，出现“显示菜单图像”的窗口，如图3.60所示。询问是否在菜单中显示小图像，可以自由选择。

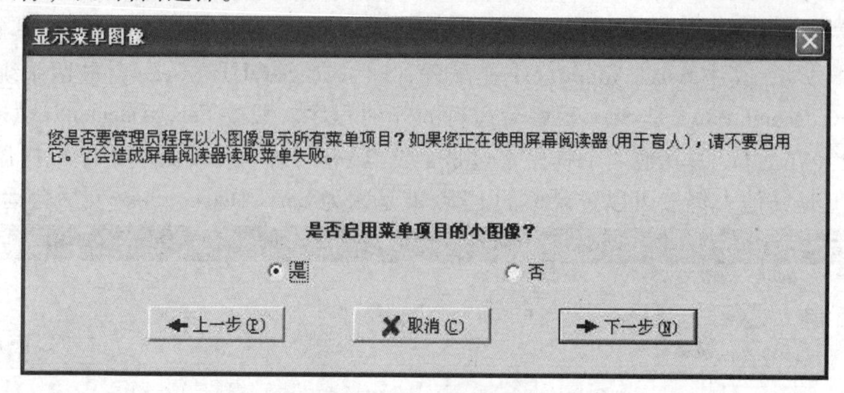

图3.60 显示菜单图像

④单击“下一步”，出现如图3.61所示窗口，这个窗口是让用户在本地第一次运行FTP服务器，只要单击“下一步”即可。

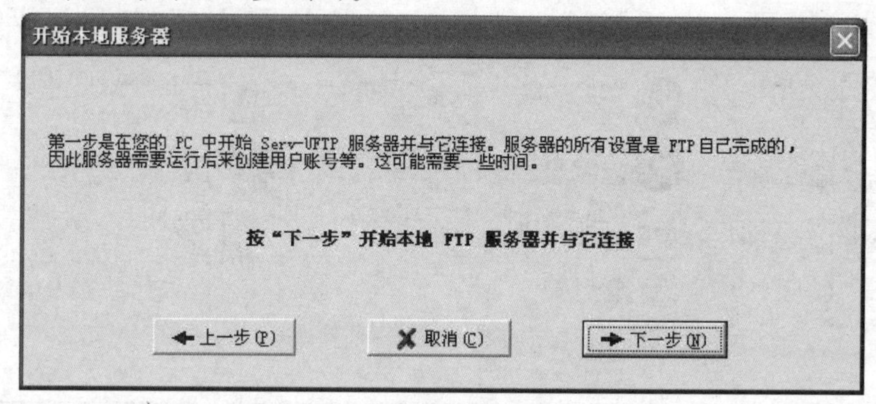

图3.61 开始本地服务器

⑤接下来要输入你的IP地址，如图3.62所示。如果用户有服务器，有固定的IP，那就请输入IP地址，如果用户只是在自己计算机上建立FTP，而且又是拨号用户，有的只是动态IP，没有固定IP，那这一步就省了，什么也不要填，Serv-U会自动确定用户的IP地址。

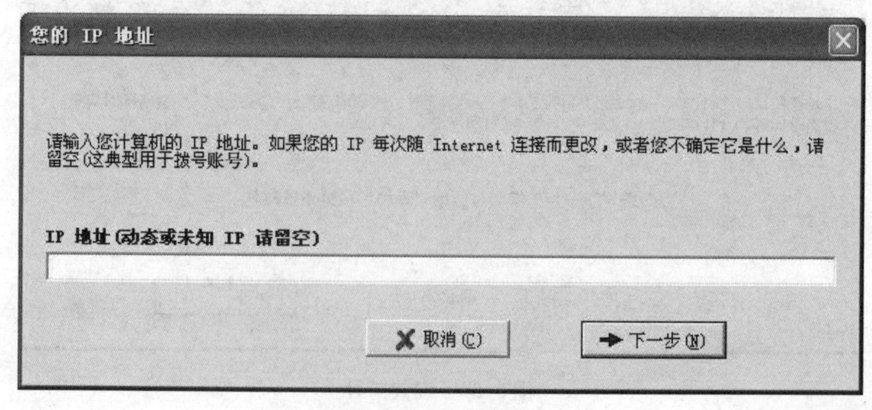

图3.62 输入IP地址

⑥单击“下一步”，在如图3.63所示窗体中输入用户的域名，没有的话不用填。

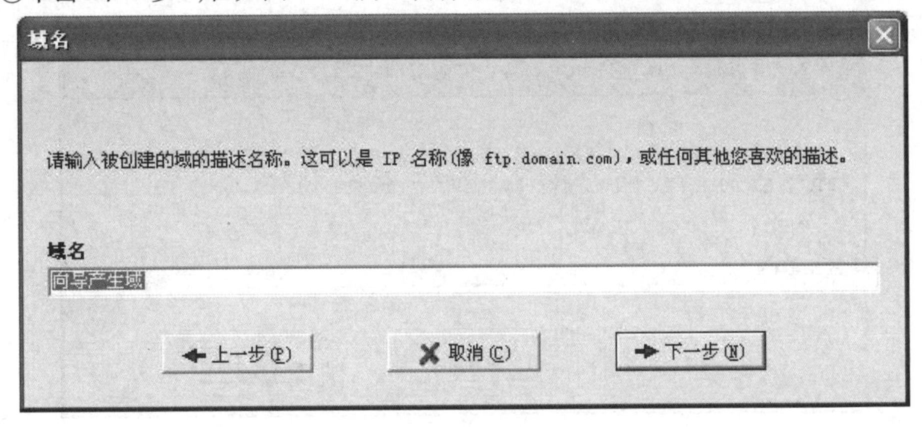

图3.63 输入域名

⑦单击“下一步”，出现如图3.64所示的窗体，系统询问是否在计算机启动时自动运行Serv-U，自由选择。

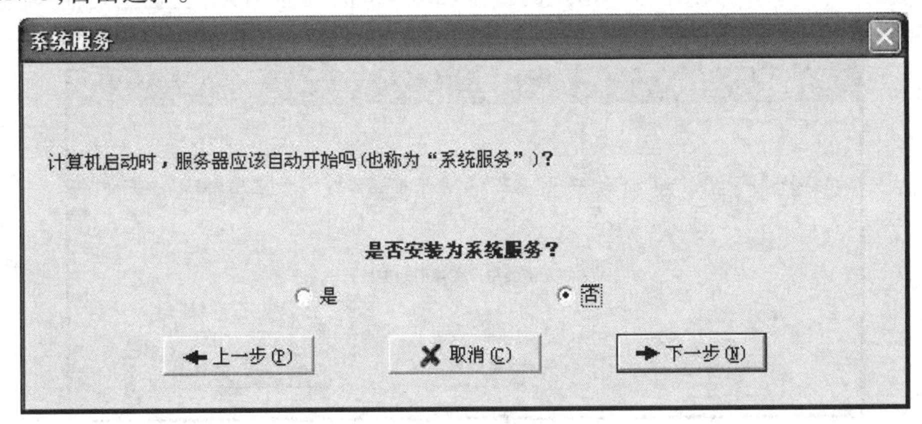

图3.64 是否安装为系统服务

⑧单击“下一步”，出现如图3.65所示的窗体，询问是否允许匿名访问。一般说来，匿名访问是以Anonymous为用户名称登录的，无须密码，当然如果想设置用户访问权限，就应该选择“否”，只有许可用户才可以登录，不允许其他人登录。在此我们选择“是”。

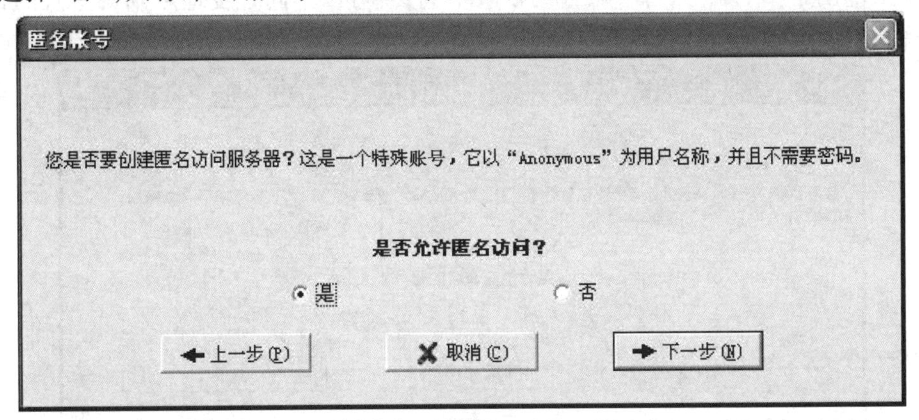

图3.65 是否允许匿名访问

⑨单击“下一步”,出现如图3.66所示窗体,要求设置匿名用户登录到服务器时的目录。用户可以自己指定一个硬盘上已存在的目录,如:\temp。

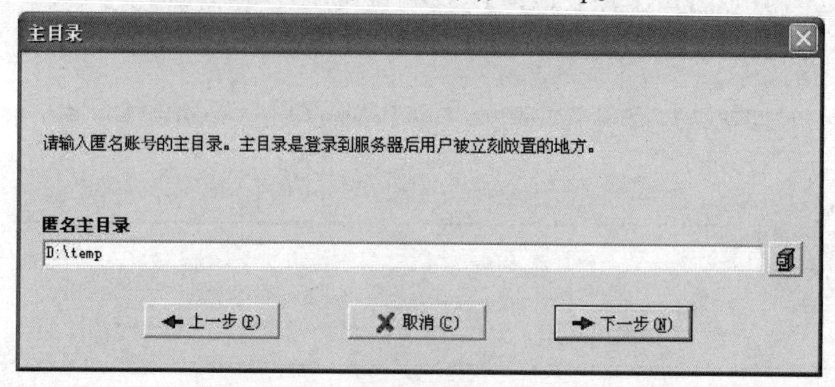

图3.66　输入匿名主目录

⑩单击“下一步”,出现如图3.67所示窗体询问用户是否要锁定该目录,锁定后,匿名登录的用户将只能认为该用户所指定的目录(D:\temp)是根目录,也就是说他只能访问这个目录下的文件和文件夹,这个目录之外就不能访问了,对于匿名用户一般填“是”。

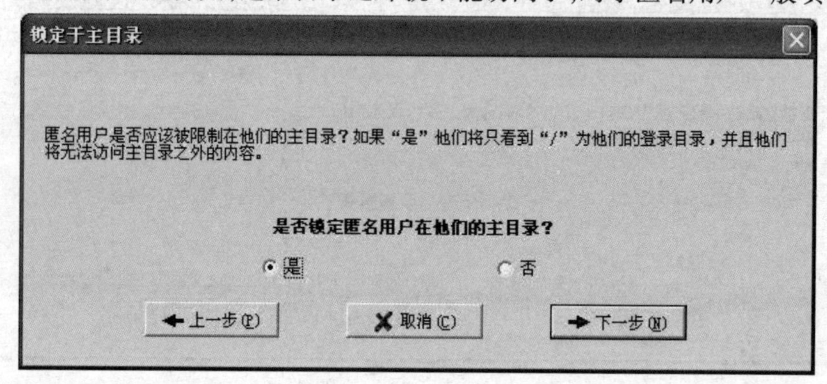

图3.67　是否锁定于主目录

⑪单击“下一步”,出现如图3.68所示窗体,询问用户是否创建一个命名的账号,也就是说可以指定用户以特定的账号访问用户的FTP,这对于办会员区非常有用。用户可以为每个人都创建一个账号,每个账号的权限不同,就可以不同程度地限制每个人的权利,方法将在后面讲到,这里选择“是”。

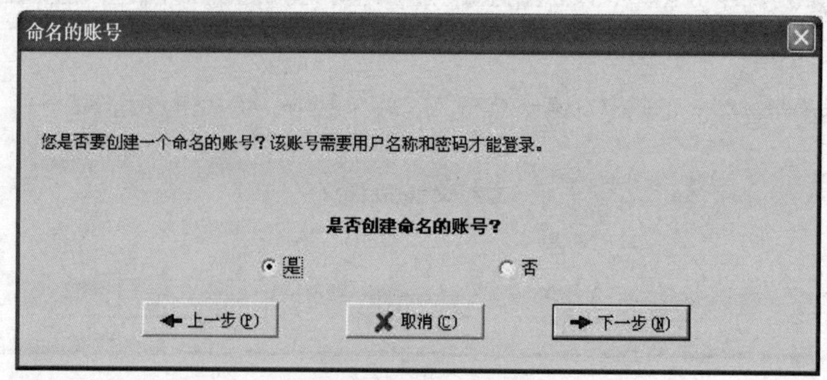

图3.68　命名账号

⑫单击“下一步”，出现如图3.69的窗体，填入所要建立的账号的名称，如：abc。

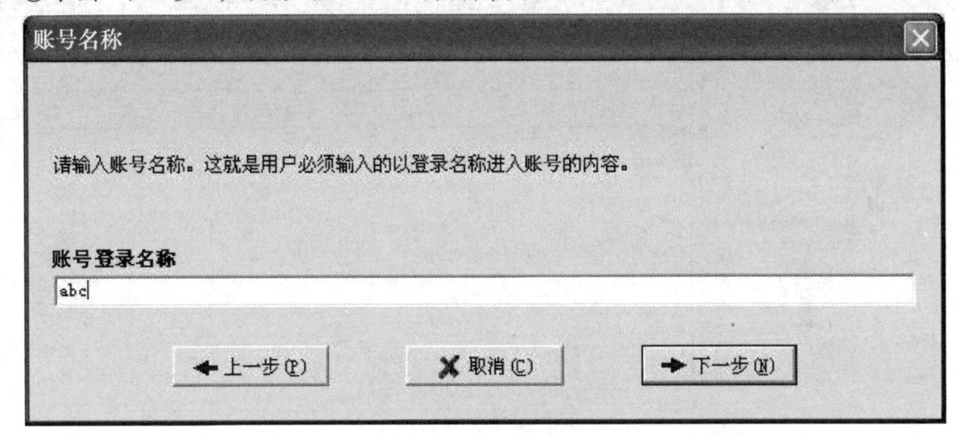

图3.69 输入账号名称

⑬单击“下一步”，输入账号密码，如：123。

⑭单击“下一步”，询问登录目录是什么，该步与第9步一样。

⑮单击“下一步”，询问用户是否要锁定该目录，同第10步，这里选择“否”。

⑯单击“下一步”，出现如图3.70所示的窗体，询问用户这次创建的用户的管理员权限，有几项选择：无权限，组管理员，域管理员，只读管理员和系统管理员，每项的权限各不相同；这里选择“系统管理员”。

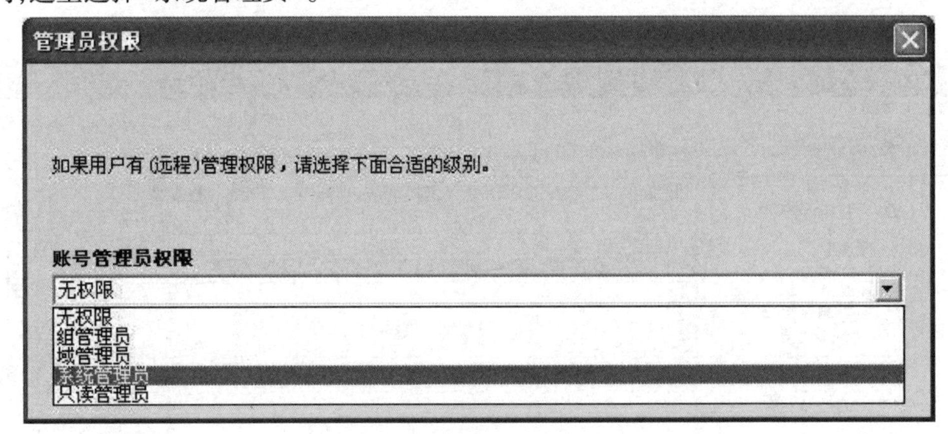

图3.70 管理员权限

⑰最后一步，单击“完成”，用户有什么需要修改的，可以单击“上一步”，或者进入Serv-U管理员直接修改。至此，我们建立了一个域 ftp. abc. com，两个用户，一个Anonymous，一个abc，如图3.71所示。

⑱如果需要可以再增加用户，在如图3.71所示的窗体中，右键单击“用户”，选择“新建用户”，按安装向导一步步完成。

⑲选取某一用户，选择“目录访问”选项卡，可以设置用户访问文件的权限，如图3.72所示，更改完后注意单击“应用”。

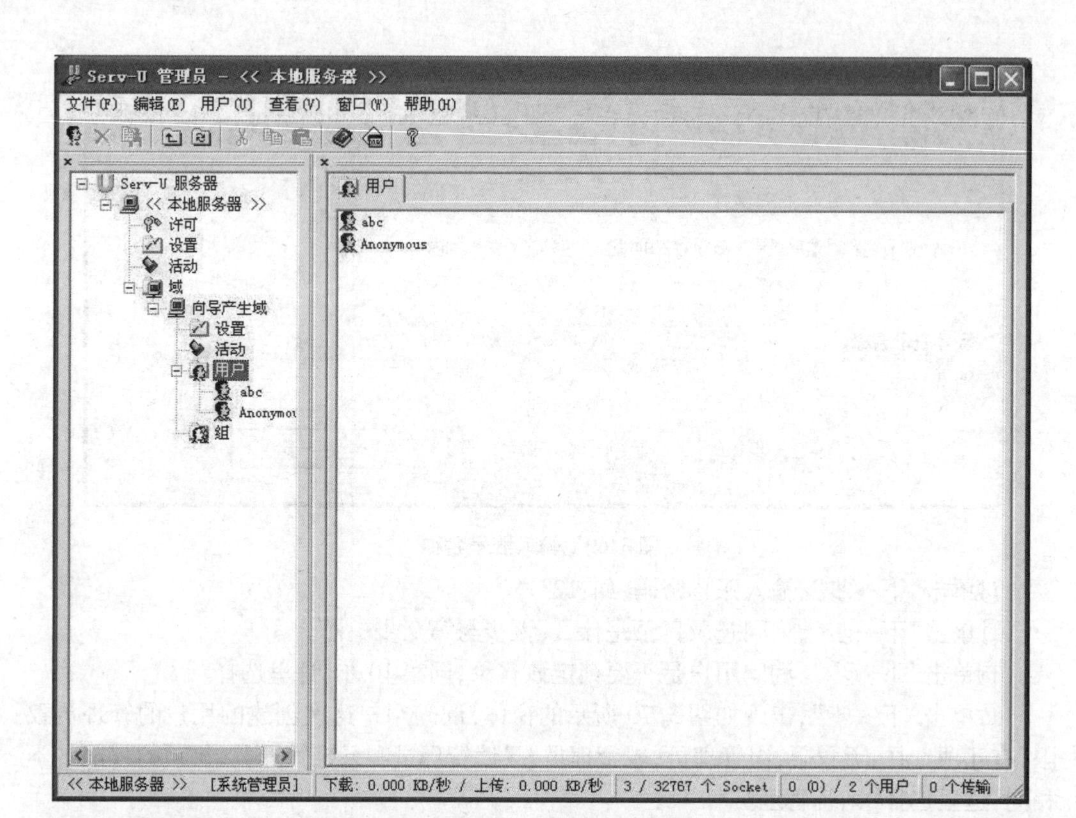

图 3.71 Serv-U 界面

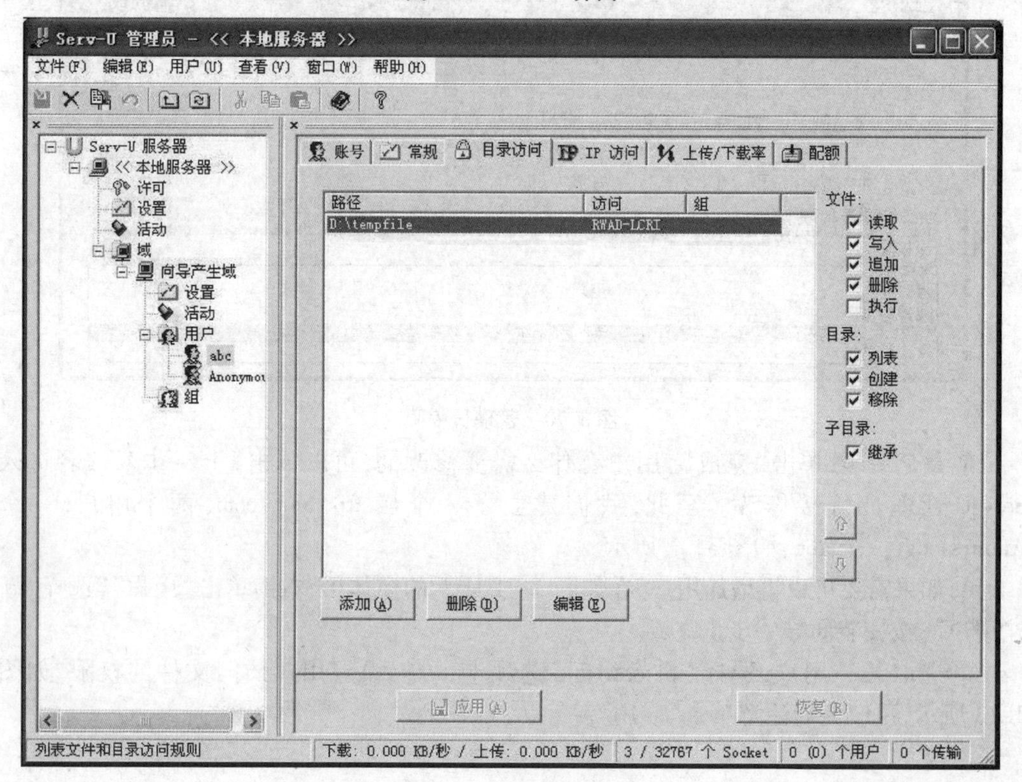

图 3.72 目录访问

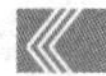

⑳如果不可能把所有的东西都放在一个目录中,那用虚拟目录还可以让用户看起来在一个目录中,这样比较方便。虚拟目录是在域的"设置"中设置的,如图3.73所示。有两个地方可以添加,一个是虚拟路径映射,一个是链接。前者就是虚拟目录,是把一个目录映射到FTP用户的主目录中,让用户看起来好像这个目录是主目录的一个子目录。而链接是把一个主目录中原有的目录(可以是虚拟目录,但必须是FTP中原有的),在另一个目录中做一个链接(注意这个目录必须是真实的目录,虚拟目录不可以)。

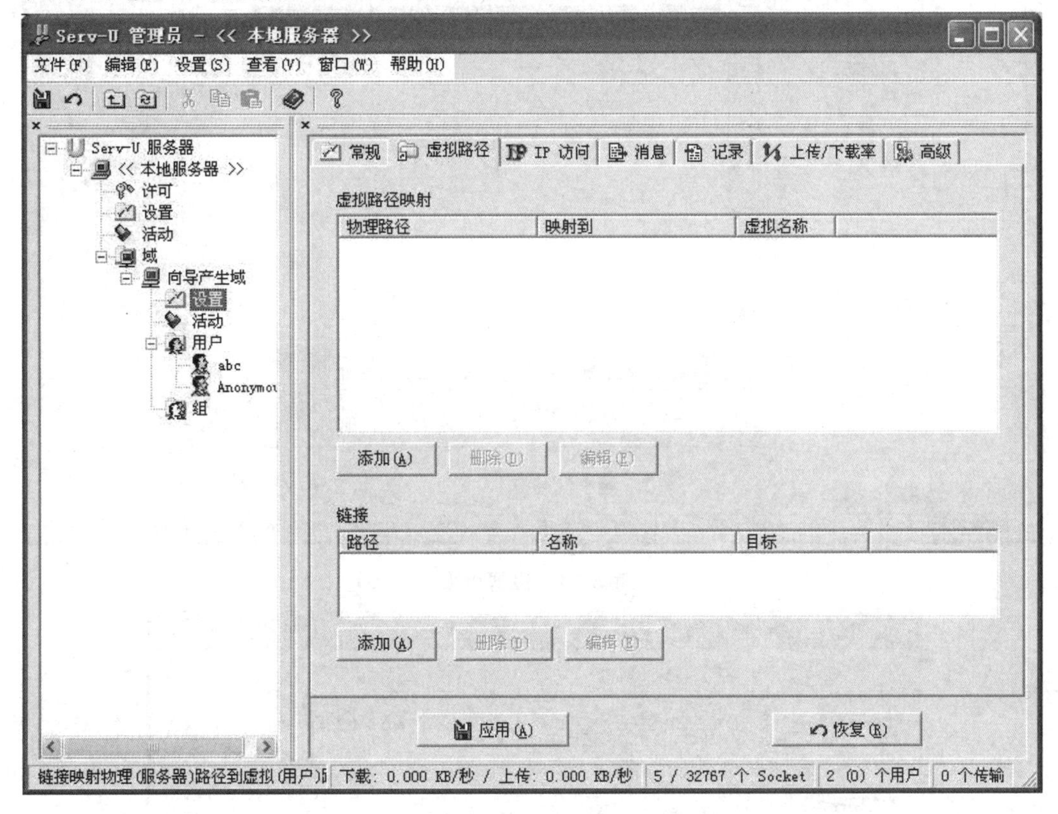

图3.73 虚拟路径

注意,被虚拟的目录用户一定要有访问权,不然用户登录后看不到虚拟目录,可以在用户的"目录访问"中添加。如图3.74所示。

现在要把E:\java用名字java通过虚拟路径添加到主目录下,首先在"虚拟路径"选项卡下,找到虚拟路径映射,单击"添加",弹出如图3.75所示的窗体,填入被映射到虚拟路径的物理路径。

单击"下一步",在如图3.76所示的窗体,输入要映射物理路径的目录。

单击"下一步",输入映射路径的名称,单击"完成",如图3.77所示。在"虚拟路径"选项卡下,单击"应用"。

现在想在主目录中加一个链接,将虚拟目录java用名字javalink链接到主目录中显示出来。可以在"虚拟路径"选项卡下,找到"链接",单击"添加",弹出如图3.78所示的窗体,填入要将链接放到什么地方,这里和虚拟目录一样,支持像"%HOME%"这样的变量。

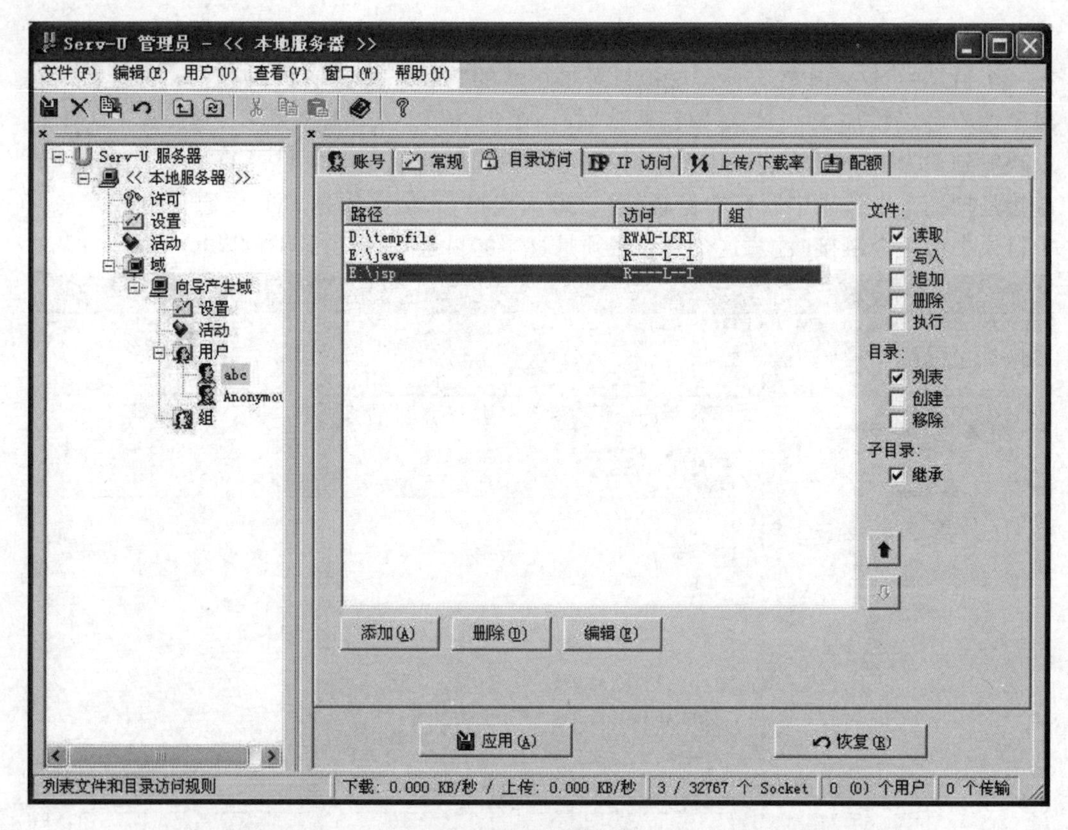

图 3.74　设置权限

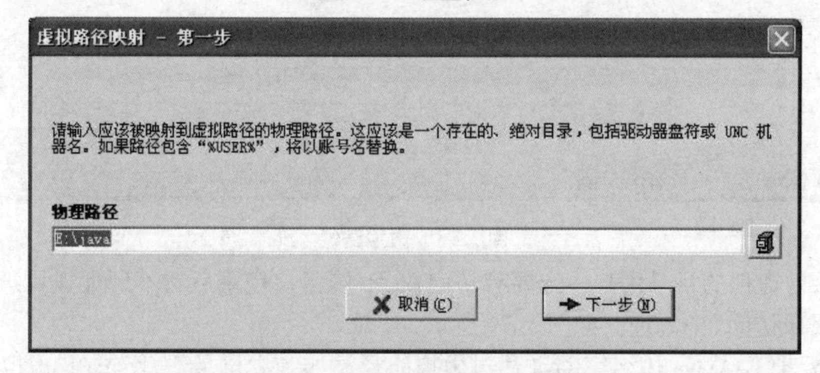

图 3.75　虚拟路径映射——第一步

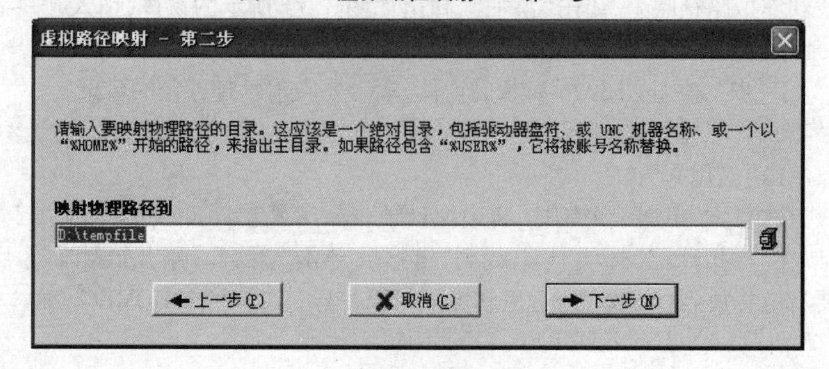

图 3.76　虚拟路径映射——第二步

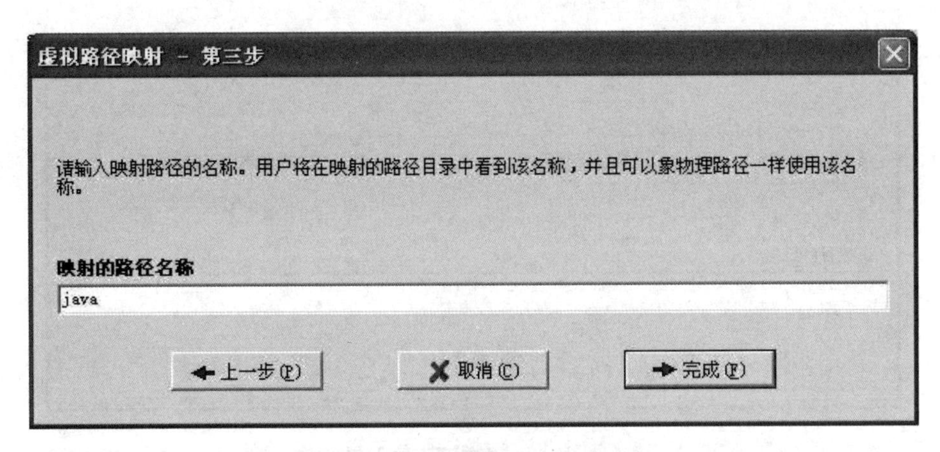

图3.77　虚拟路径映射——第三步

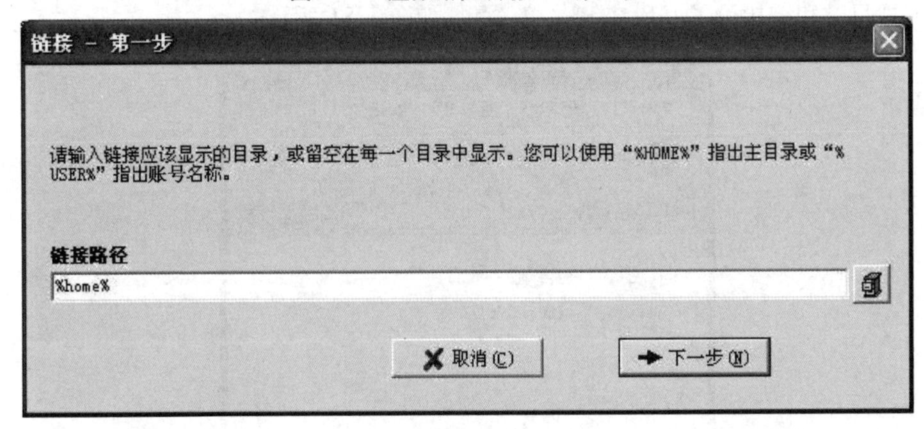

图3.78　链接——第一步

单击“下一步”，弹出如图3.79所示的窗体，填入链接的名称。

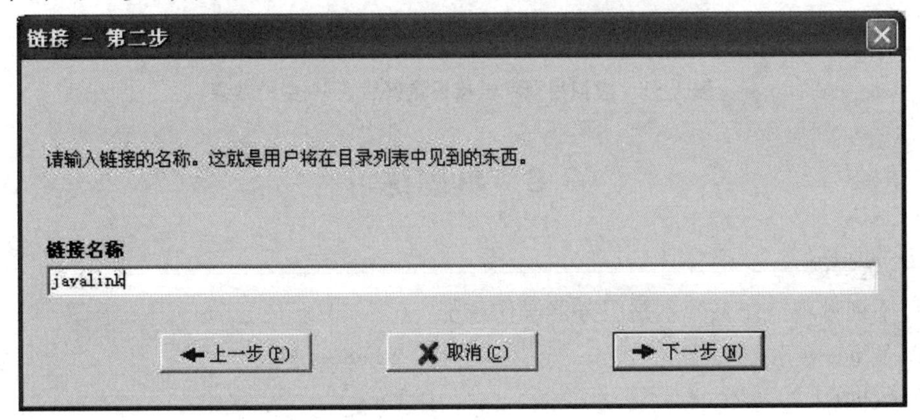

图3.79　链接——第二步

单击“下一步”，弹出如图3.80所示的窗体，填上要被链接的目录，支持相对目录(比如添加虚拟目录链接，用绝对目录无法表示)。单击“下一步”，在“虚拟路径”选项卡下，单击“应用”。

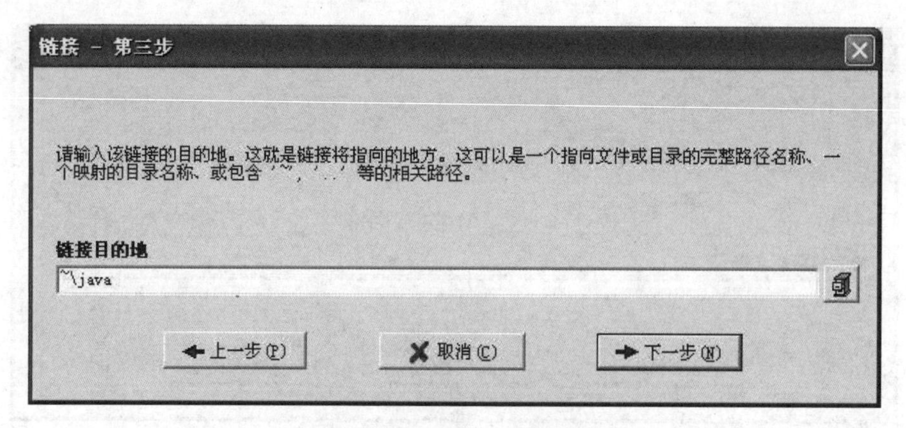

图 3.80　链接——第三步

虚拟目录和链接设置好后在 IE 中的效果，如图 3.81 所示。

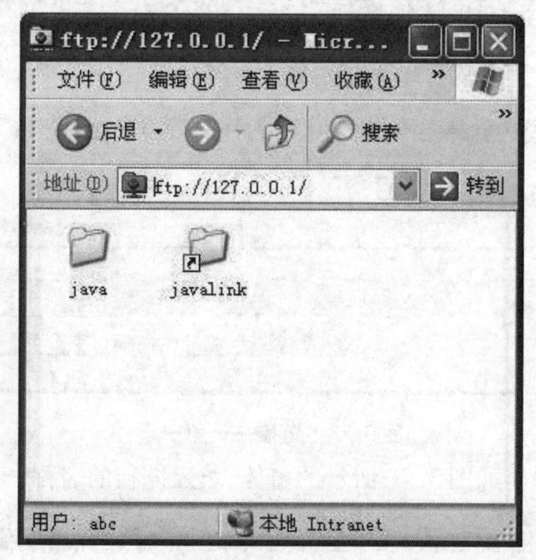

图 3.81　虚拟目录和链接设置好后在 IE 中的效果

3.6　巩固练习

一、选择题

1. 下列哪项操作系统不是服务器操作系统？(　　)

A. Windows NT　　B. Windows Me

C. Solaris　　D. Unix

2. 在 Internet 中，FTP 是指(　　)。

A. 电子邮件　　B. 文件传输

C. 远程管理　　D. 信号控制

3. 安装和配置网络打印机是通过(　　)来进行的。

A. 添加打印机向导　　B. 添加设备向导

C. 添加驱动向导　　D. 添加网络向导

4. Internet 为人们提供许多服务项目，最常用的是在 Internet 各站点之间漫游，浏览文本、图形和声音等各种信息，这项服务称为(　　)。

A. 电子邮件　　B. WWW

C. 文件传输　　D. 网络新闻组

5. 如果 sam. exe 文件存储在一个名为 ok. edu. on 的 ftp 服务器上，那么下载该文件使用的 URL 为(　　)。

A. http://ok. edu. cn/sam. exe　　B. ftp://ok. edu. on/sam. exe

C. rtsp://ok. edu. cn/sam. exe　　D. mns://ok. edu. cn/sam. exe

6. 用 Win 2003 server 的 IIS 不可以架构下列服务器(　　)。

A. FTP 服务器　　B. 邮件服务器

C. WWW 服务器　　D. DNS 服务器

7. (　　)是一种比机架式更为紧凑整合的服务器结构。它是专门为特殊行业和高密度计算环境所设计的。

A. 塔式服务器　　B. 机架式服务器

C. 刀片式服务器

8. 关于 WWW 服务，下列哪种说法是错误的？(　　)

A. WWW 服务采用的主要传输协议是 HTTP

B. WWW 服务以超文本方式组织网络多媒体信息

C. 用户访问 Web 服务器可以使用统一的图形用户界面

D. 用户访问 Web 服务器不需要知道服务器的 URL 地址

二、填空题

1. 按应用层次划分通常也称为"按服务器档次划分"或"按网络规模"分，按这种划分方法，服务器可分为:________、________、________、________。

2. 目前广泛使用的交换机端口扩展方式包括________和________。

3. 用户访问 FTP 服务器的方法通常有三种:________、________、________。

三、问答题

1. 简述什么是 DHCP，它有什么作用？

2. 交换机的级联有哪两种方式，有何区别？

3. 某学校网络属于中等规模网络，要购置一台服务器用于运行学校教务系统，要求服务器具有较高的处理速度和系统可靠性，能支持 100 人以上同时并发。根据上面的需求，采用哪个档次的服务器较为合适？请阐述详细理由。

4. 计算机网络有哪些拓扑结构？试画出常见的网络拓扑结构。

5. 什么是代理服务器，有何作用，常用的代理服务软件有哪些？

四、实操题

1. 尝试使用 Visio 绘制图 3. 82 所示的校园网拓扑结构。

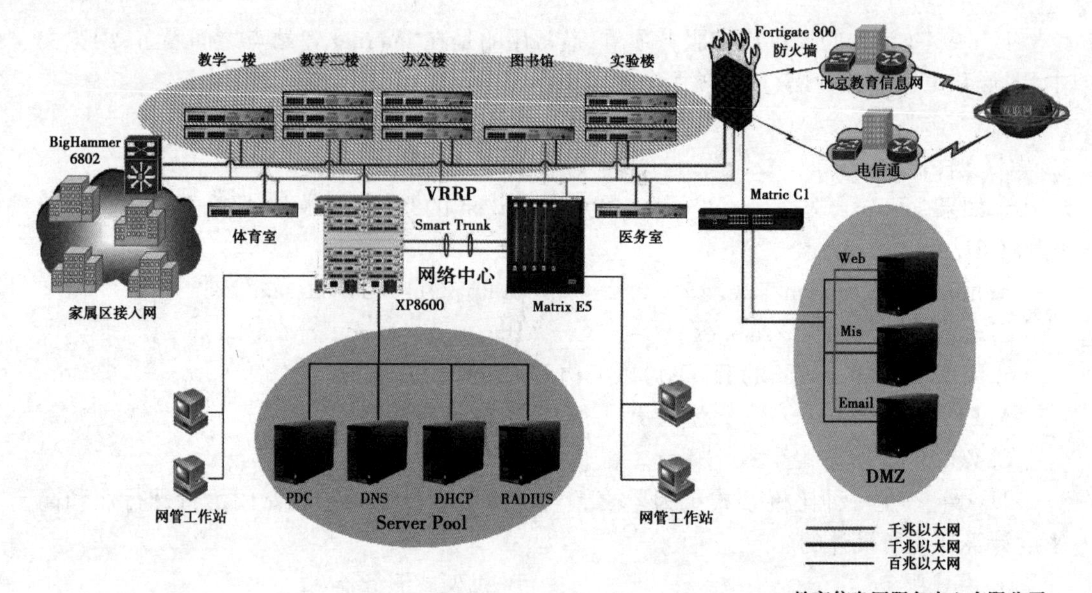

图 3.82　校园网拓扑结构

2. 一个办公室里有 10 台计算机,准备组网。请给出组网方案,写出所需的网络设备及选择的操作系统,画出网络拓扑,并标出各机器的 IP 地址和子网掩码。

3. 自行搭建一个 FTP 服务器,并录制过程视频。

项目4　畅游 Internet

4.1　项目描述

小王是一名刚入学的大学生,为了学习新买了一台笔记本电脑,并已预装 Windows 7 操作系统。她需要将自己的笔记本电脑连入 Internet,以便网上冲浪、查找资料、发送或接收非常大的数据文件、接收与发送电子邮件、在线学习等。她该如何完成这些工作?

4.2　需求分析

完成本任务,主要涉及三个方面的 Internet 应用:一是接入 Internet;二是浏览器的使用;三是 Internet 的应用,比如搜索信息、下载文件、收发邮箱、在线教育等,主要是为了用户实现信息交流。

4.3　典型工作环节

4.3.1　设置浏览器

1)IE 设置

下面介绍 Internet Explorer 9(简称 IE9)浏览器设置选项的使用。

①从 IE 浏览器的“工具”菜单中选择“Internet 选项”命令,在弹出的“Internet 选项”对话框中选择“常规”选项卡,在“主页”文本框中输入网页地址,可以设置启动浏览器后的调入主页,如图 4.1 所示。

②单击“浏览历史记录”选项组中的“删除”按钮,可以删除硬盘上保存的 Internet 临时文件。

③勾选“退出时删除浏览历史记录”复选框,可以在退出 IE 时自动删除浏览网页产生的临时文件、历史记录等。

④单击“选项卡”区域的“设置”按钮,在弹出的“选项卡浏览设置”对话框中可对选项卡进行设置,如图 4.2 所示,然后单击“确定”按钮返回“Internet 选项”对话框。

2)Chrome 设置

安装 Google Chrome,打开它;打开最右边的自定义及控制 Google Chrome 按钮,出现一个下拉菜单,找到设置,如图 4.3 所示。

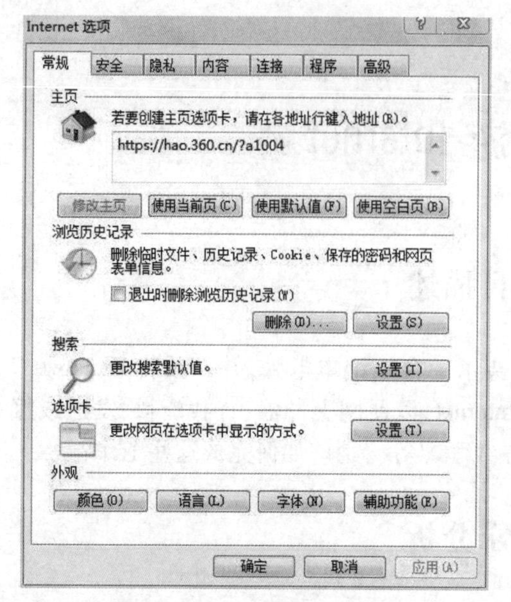

图 4.1 “Internet 选项”对话框

图 4.2 “选项卡浏览器设置”对话框

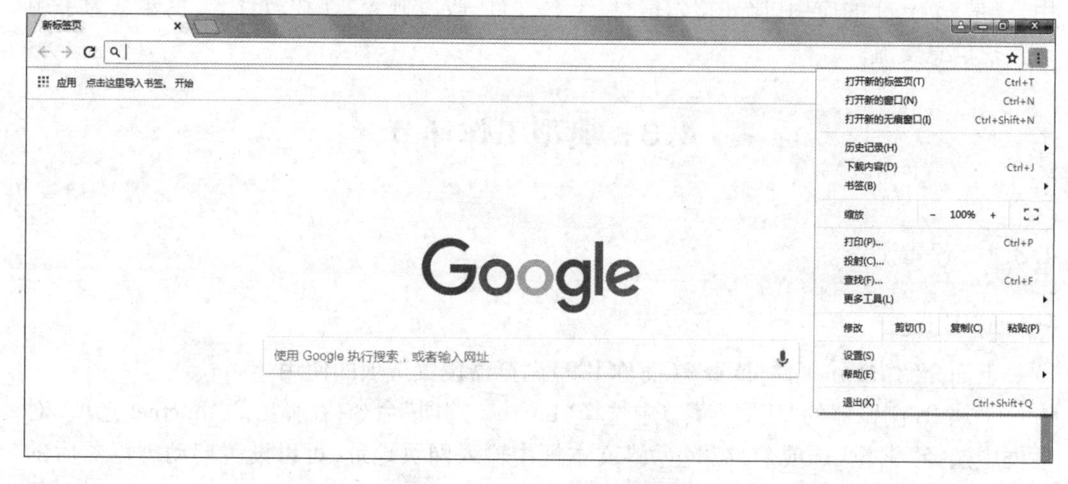

图 4.3 Google Chrome 设置

①点开设置，出现如图 4.4 所示界面；在“其他人”选项里可以设置登录用户，如果用 Google 账号登录，会自动保存个性化设置于网络，打开任何一台计算机，系统会自动加载到你设置的个性化 Google 服务；在“外观”选项里，可以设置 Chrome 的主题背景、字体、字号等，如图 4.4 所示。

②搜索引擎选项处可以设置地址栏里使用的默认搜索引擎，并且可以添加新引擎或对已有的搜索引擎进行管理，如图 4.5 所示。

③“启动时”选项的设置和在 IE 或者 360 安全浏览器里经常用到的相似，如图 4.5 所示。在这里，如果选第一个，就相当于打开一个空白页；打开第二个，可以打开上次访问过的网页；选择第三项“打开特定网页或一组网页”，可以添加新网页或使用当前网页作为默认网页；单击“高级”可以对隐私、密码和表单、语言等进行设置，如图 4.6 所示。

在设置中搜索

其他人

用户1　登录 Chrome

您只需登录任一设备，即可轻松获取自己的书签、历史记录、密码和其他设置。在这种情况下，您也会自动登录 Google 服务。了解详情

管理其他用户

导入书签和设置

外观

主题背景
打开 Chrome 网上应用店

显示"主页"按钮
已停用

显示书签栏

字号　中（推荐）

自定义字体

图 4.4　外观设置

搜索引擎

地址栏中使用的搜索引擎　百度

管理搜索引擎

默认浏览器

默认浏览器
将 Google Chrome 浏览器设为默认浏览器　设为默认搜索引擎

启动时

打开新标签页

从上次停下的地方继续

打开特定网页或一组网页

添加新网页

使用当前网页

高级

图 4.5　设置搜索引擎等

4.3.2 使用搜索引擎服务

一般的搜索引擎都支持关键词简单搜索和高级搜索两种方式，下面以“百度”为例进行介绍。

1）简单搜索

在百度首页文本框输入搜索词，单击“百度一下”按钮或按“Enter”键即可执行搜索。系统默认在网页中搜索，如需在新闻、贴吧、知道、MP3、图片等其他信息中搜索，则需先单击文本框上方相应的类别，再输入搜索词搜索。

与许多搜索引擎一样，当直接在文本框中输入搜索词时，百度默认进行模糊搜索，并能对长短语或语句进行自动拆分，拆分成小的词进行搜索，如输入“市场研究报告”，自动拆分为“市场研究”“市场”“研究报告”等。

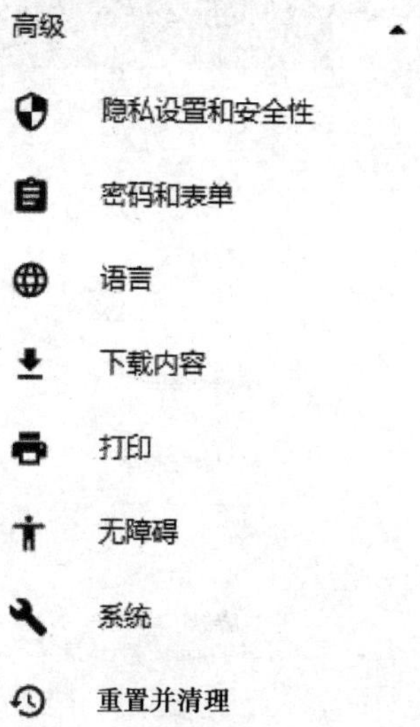

高级

隐私设置和安全性

密码和表单

语言

下载内容

打印

无障碍

系统

重置并清理

图 4.6　高级选项

百度忽略英文字母大小写，有拼音提示、错别字提示等功能，并支持各类搜索语法。

支持用双引号、书名号实现精确搜索，如输入“市场研究报告”，则“市场研究报告”作为一个整体搜索，不可拆分。

支持布尔逻辑搜索，具体用法见表 4.1，其中 A，B，C 分别代表 3 个关键词。

表 4.1　布尔逻辑运算在百度中的使用用法

<table>
<tr><th>语　法</th><th>功　能</th><th>表达式</th><th>操作符</th><th>说　明</th><th>检索式举例</th></tr>
<tr><td>逻辑与（AND）</td><td>用于同时搜索两个及以上关键词的情形</td><td>A B</td><td>&、空格</td><td>“&”必须是英文半角输入</td><td>“电子行业”&“研究报告”</td></tr>
<tr><td>逻辑或（OR）</td><td>用于搜索指定关键词中的至少一个</td><td>A|B</td><td>|</td><td>“|”与关键词之间要留有空格</td><td>人才|风险</td></tr>
<tr><td>逻辑非（NOT）</td><td>用于排除某一指定关键词的搜索</td><td>A-B</td><td>-</td><td>“-”与第一个关键词要有空格，而与第二个关键词不能有空格</td><td>“电子行业”&“研究报告” -2007</td></tr>
<tr><td>括号</td><td>分组，改变逻辑运算顺序</td><td>A&(B|C)</td><td>()</td><td>不需要留空格</td><td>“电子行业”&“研究报告”&（人才 | 风险）-2007</td></tr>
</table>

支持高级搜索语法，具体用法见表 4.2。

表 4.2 高级搜索语法在百度中的使用方法

语 法	功 能	表达式	检索式举例
filetype	搜索某种指定扩展名格式的文档资料	filetype:扩展名	宏观经济学 filetype:ppt
intitle	把搜索范围限定在网页标题中	intitle:关键词	intitle:"大学生就业"
site	把搜索范围限定在特定站点中	site:域名	职业生涯 site:sina. com
inurl	把搜索范围限定在 URL 链接中	inurl:关键词	Potoshop inurl:jiqiao
related	搜索和指定页面相关或相似的网页	related:网址	related:www. sina. com. cn

2)高级搜索

在百度搜索结果页面右上角"设置"处,单击"高级搜索"按钮即进入高级搜索页面,如图 4.7 所示。在高级搜索页面,可以通过搜索框和下拉列表来确定搜索条件,除可以对搜索词的内容和匹配方式进行限制外,还可以从日期、语言、文件格式、字词位置、使用权限和搜索特定网页等方面进行搜索条件和搜索范围的限定。

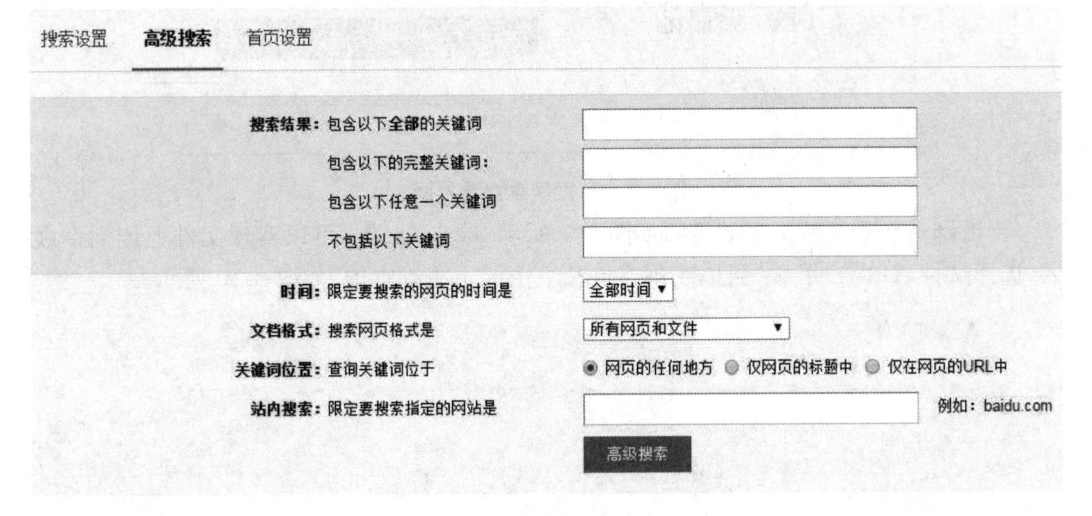

图 4.7 百度高级搜索页面

3)搜索结果

百度根据搜索关键词和搜索条件返回搜索结果,命中关键词标红显示,每页默认显示 10 条搜索结果,并按相关度高低排序(最高的排在最前面),搜索结果数量显示在页面底端;单条搜索结果包括网页标题、包含搜索关键词在内的网页摘录、网址、时间等信息;提供"百度快照"链接供快速查看网页副本;提示"相关搜索",提供"结果中找"二次搜索功能。

单击单条搜索结果标题即进入相应网页,根据需要对网页信息进行浏览、阅读、复制、下载等操作。

4.3.3 使用网络存储与下载资源

1)百度网盘使用

百度网盘是百度推出的一项云存储服务，目前有 Web 版、Windows 客户端、手机客户端等，用户将可以轻松地把自己的文件上传到网盘上，并可以跨终端随时随地查看和分享。

首先进入“百度网盘”官网，下载并安装网盘客户端，“百度网盘”的登录界面，有账号的直接登录，没有账号的，需要首先注册一个账号，如图 4.8 所示。

图 4.8 百度网盘登录界面

百度网盘登录后所呈现的界面如图 4.9 所示，单击“上传”可以实现文件上传到百度云，选择文件后单击“下载”可以实现文件从百度云下载到本地，如图 4.10 所示。

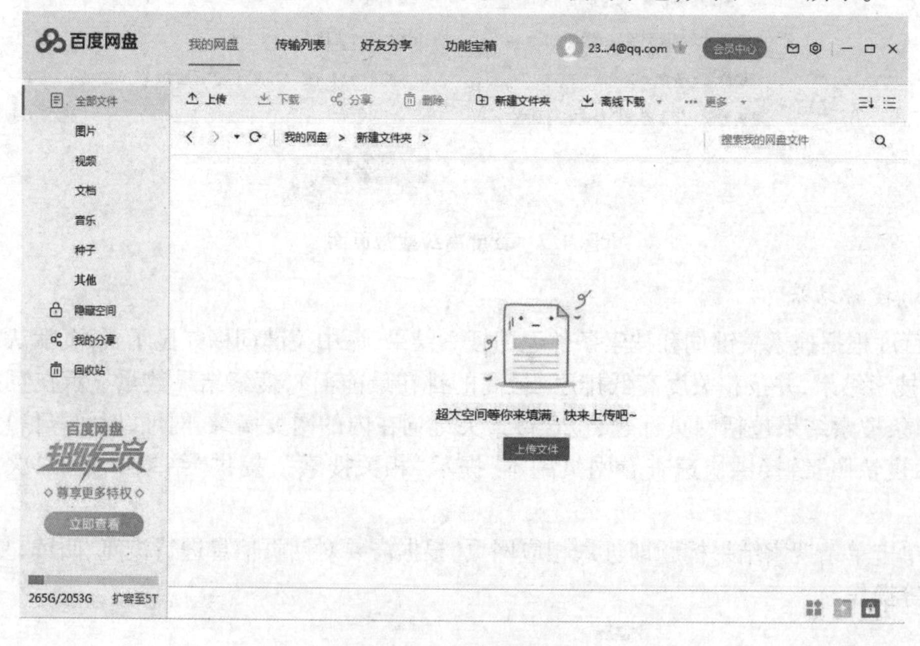

图 4.9 百度网盘界面

图 4.10　百度网盘下载界面

如果要给朋友分享文件,可以选中要分享的文件,单击“分享”。有两种分享方式:公开与加密。公开分享比较开放,任何人都可以获取你分享的资源;一般选择加密分享,如图 4.11 所示。

图 4.11　百度网盘分享界面

单击“创建链接”,弹出分享链接及密码,如图 4.11 所示。单击“复制链接及密码”,通过 QQ、邮件等方式发送该链接地址及密码,对方即可以通过该链接地址及密码下载文件,从而实现文件的分享,如图 4.12 所示。

图 4.12　百度网盘分享文件

2)利用 IE 进行 FTP 文件下载

文件传输协议(File Transfer Protocol,FTP)是因特网上用来传送文件的协议。使用 FTP 协议,可以将文件从因特网上的一台计算机传送到另一台计算机,不受它们所处的位置、采用的连接方式和操作系统的影响。

IE 浏览器带有 FTP 程序模块,利用浏览器进行 FTP 文件下载的步骤如下:

在浏览器地址栏或 windows 窗口地址栏中输入要访问的 FTP 站点地址。由于要浏览的是 FTP 站点,所以 URL 的协议部分应键入 ftp,格式形如:ftp://域名或 ftp://IP 地址。当连接成功后,浏览器界面显示该服务器上的文件夹和文件名列表,如图 4.13 所示。

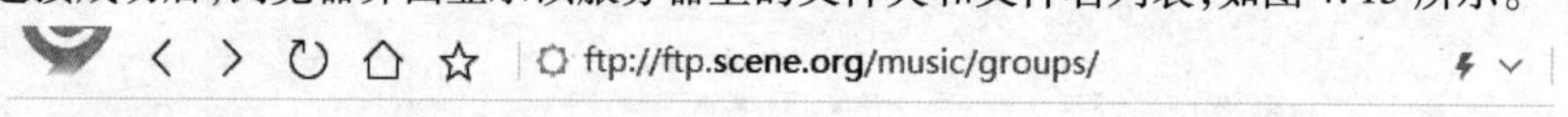

/music/groups/ 的索引

名称	大小	修改日期
[上级目录]		
2063music/		2005/10/21 上午12:00:00
8bitpeoples/		2008/6/11 上午12:00:00
aaargh_records/		2018/1/4 上午12:00:00
aalto/		2001/6/28 上午12:00:00
abyss_music/		2018/1/4 上午12:00:00
acceptcorp/		2003/3/29 上午12:00:00
aciddrip/		1999/3/7 上午12:00:00
advance/		2018/1/4 上午12:00:00
ageema/		2014/5/2 上午12:00:00
analogue/		2003/2/24 上午12:00:00
arschgroup/		2015/9/12 上午12:00:00
art/		2018/1/4 上午12:00:00

图 4.13　浏览 FTP 服务器

如果该站点为非匿名站点，则按提示输入用户名和密码；若该站点为匿名站点，会自动匿名登录；如果无法自动登录，则用户名采用“anonymous”，密码为用户的 E-mail 地址。

在打开的 FTP 界面中查找需要的资源链接，单击该链接进行浏览。

在需要的链接上右击，选择“目标另存为”命令进行下载和保存。

3）使用下载软件下载文件

利用 IE 浏览器下载虽然简单易行，但是传输速度较慢，文件管理不方便，一旦网络线路中断或主机出现故障，用户只能重新下载。而下载软件一般都具有断点续传能力，允许用户从上次断线的地方继续传输，这样大大减少了用户等待的时间。常用的下载软件有：迅雷、FlashGet（网际快车）、BitComet（BT 下载）、CuteFTP（FTP 上传下载）等。

使用下载软件下载文件非常简单，在安装完下载软件后，鼠标右键单击要下载的文件的链接，就可以使用软件下载文件了，如图 4.14 所示。

4）视频下载

我们在优酷、爱奇艺等视频网站中可能会看到自己非常喜欢的视频，这个时候可能需要将其下载到本地保存，下面介绍优酷网站视频下载，其他网站视频下载方法类似。

首先，需要下载并安装“优酷视频客户端”软件。完成后在视频播放页面的最下面会有一个“下载”的中文字样，单击“下载”，会提示“下载本视频”，如图 4.15 所示。

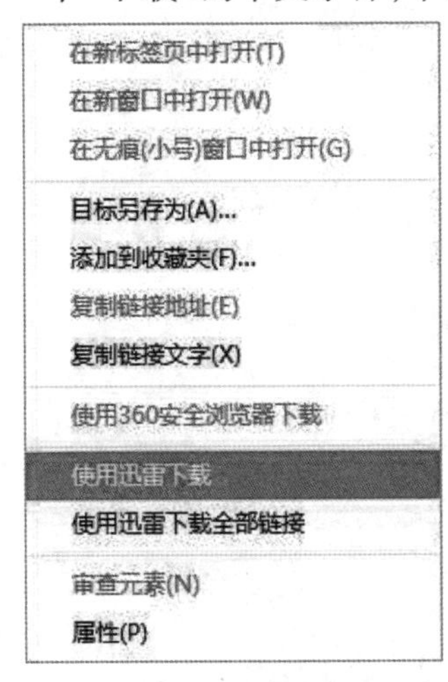

图 4.14 迅雷下载

图 4.15 优酷视频客户端“下载视频”

单击“下载本视频”之后会启动视频客户端，然后弹出一个保存视频位置的对话框。在这个对话框中，要修改我们保存视频的地方，还有选择画质，如图 4.16 所示。并且还能够在下载完成之后自动转码。

单击转码后面的设置，然后在新打开的窗口里面，能够对软件的转码格式进行修改，根据需要，我们可以设置为 MP4 等常见的格式，如图 4.17 所示。

等待全部设置完成后，就能够单击开始下载了，用户可以在下载任务中看到正在下载的视频。

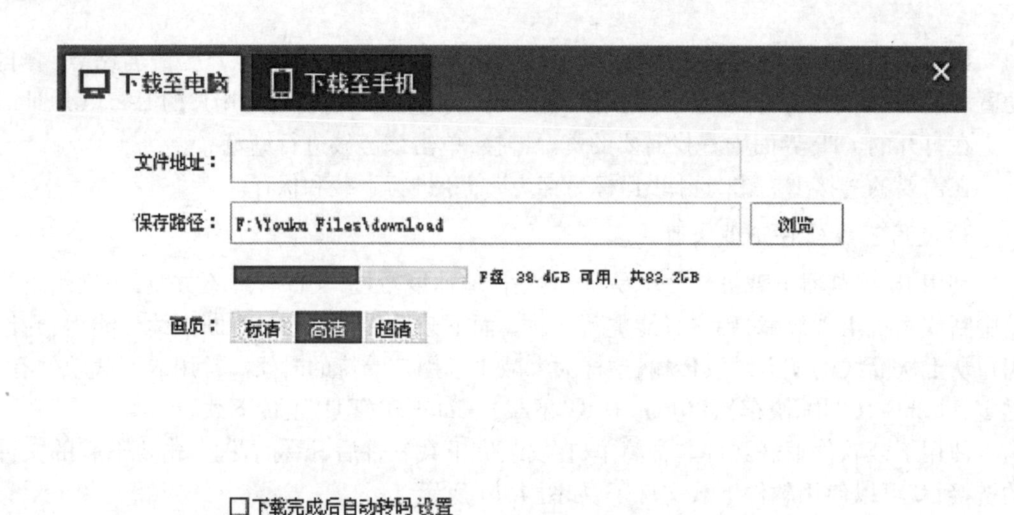

图 4.16　视频下载

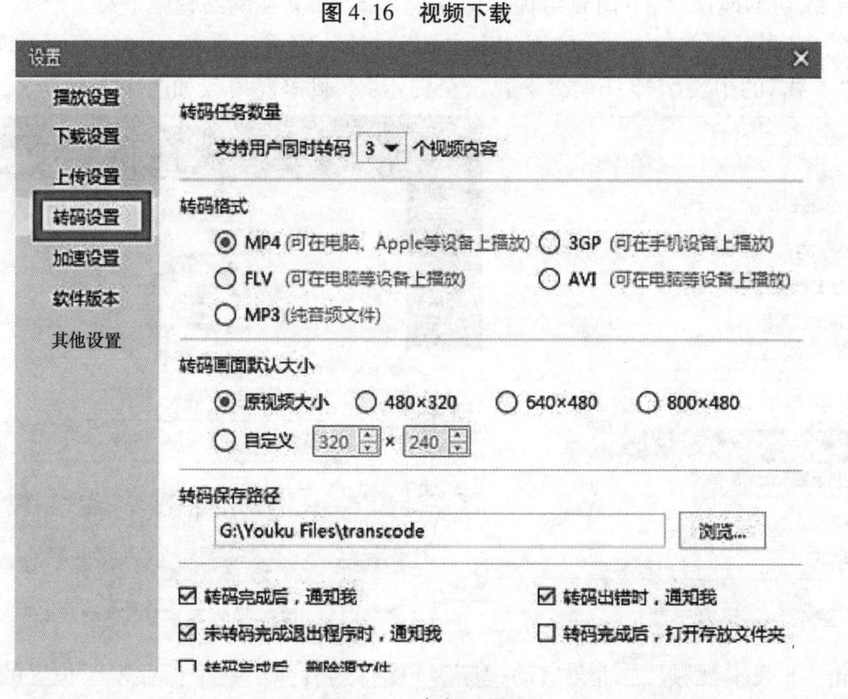

图 4.17　参数设置

4.3.4　检索中国知网数据库

在我们写论文、报告时，经常要查阅相关学术资料，用得最多的专业数据库就是中国知网。图 4.18 所示是中国知网的首页，可以通过在地址栏中输入 www. cnki. net 进入页面，也可以通过利用百度等搜索引擎直接搜索“中国知网”进入。另外一般的高校图书馆都购买了中国知网的版权，本校学生可以在校内免费下载资料，社会人员需要注册并购买相关服务才能实现资料的下载。

图 4.18　中国知网

进入知网后在检索框输入你需要查找的资料,使用关键词就可进行检索,如图 4.19 所示。搜索“人工智能”,找到自己需要的资料,单击题目就可以查看摘要,知网提供了 caj 和 pdf 两种格式的下载,单击相关按钮就可以下载,如图 4.20 所示。

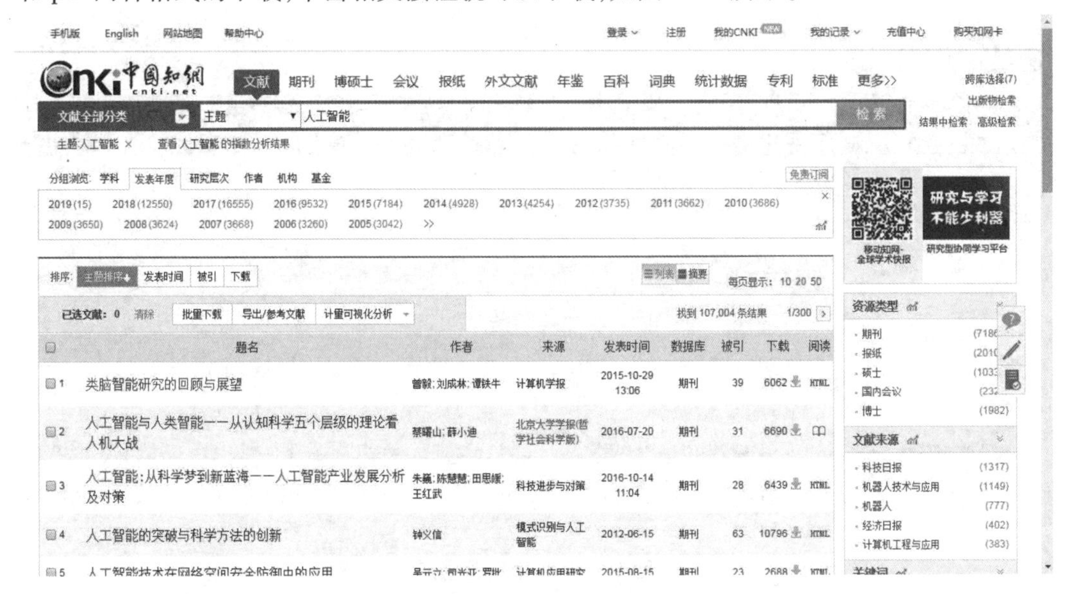

图 4.19　搜索文献

普通检索结果数量比较庞大,如果想更精准地进行检索,可以利用以下五个检索技巧进行检索。

第一,利用关键词推送。如图 4.21 所示,在检索“国际经济”主题时,如果我们想检索的是关于国际经济“发展”方面的信息,即可直接单击关键词一栏中的发展,这时显示的资源就是经过筛选后的“国际经济发展”方面的资源。

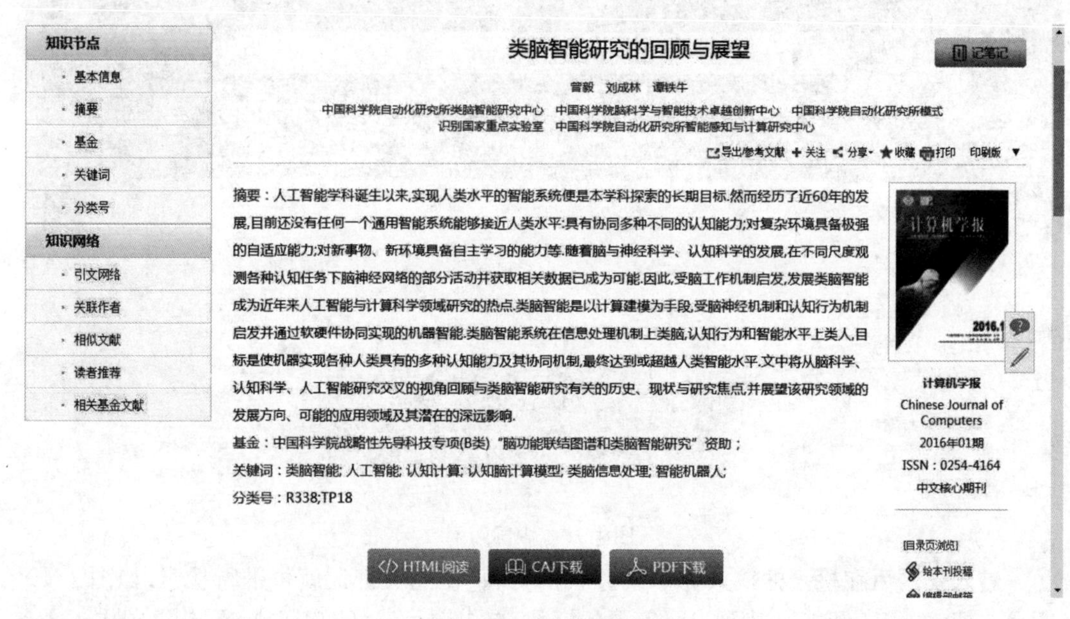

图 4.20　文献下载

图 4.21　利用主题推送

第二,利用高级检索将检索结果具体化。单击右上方的“高级检索”,单击进入后呈现如图 4.22 所示的界面,高级检索支持使用运算符 *、+、-、""、""、( )进行同一检索项内多个检索词的组合运算,从而更精准地找到所需资源。

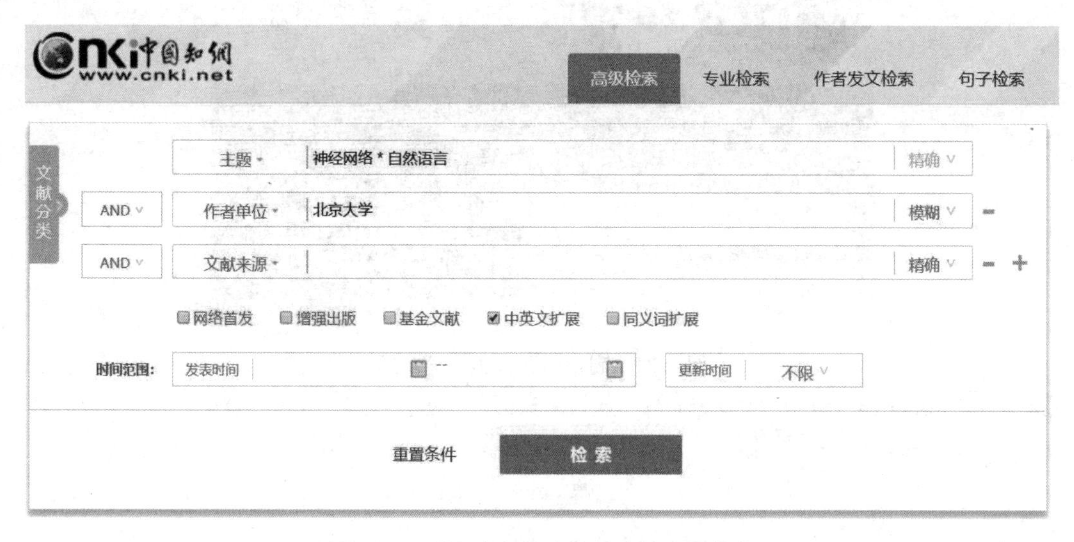

图 4.22　利用高级检索将检索结果具体化

第三,利用检索结果页面分组与分类功能。如图 4.23 所示,可以在检索结果页面利用分类功能检索到更精准地资源。例如,想检索 2022 年的资料,就可以直接在“发表年度”下选择“2022 年”。如有其他需求可直接利用“文献来源”“学科”“研究层次”“作者”“机构”“基金”分组进行限定。

图 4.23　利用检索结果页面分组与分类功能

第四,利用“科技”“社科”分类细分主题。如图 4.24 所示,单击左上角的“科技”或“社科”分类,更精准地查找所需学科的资料文献。

第五,利用文献引证关系由点到面。在检索结果页面中利用“排序”功能,将检索结果按“被引”排序(被引频次较高的文章,一般质量较好),选择被引频次最高的一篇文献,单击进入查看其知网细节信息,如图 4.25 所示。

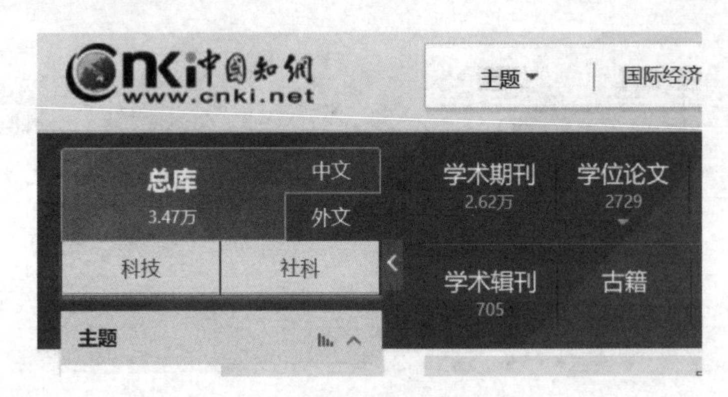

图 4.24　利用学科分类细分主题

检索范围：总库　主题：国际经济　主题定制　检索历史　　共找到 38,651 条结果　1/300

全选　已选：0　清除　批量下载　导出与分析　　排序：相关度　发表时间　被引　下载　综合　　显示 20

	题名	作者	来源	发表时间	数据库	被引	下载
1	“一带一路”倡议的科学内涵与科学问题	刘卫东	地理科学进展	2015-05-21 14:54	期刊	1259	97128
2	中国经济增长的可持续性与制度变革	王小鲁	经济研究	2000-07-05	期刊	1094	9038
3	国际区域经济合作新形势与我国“一带一路”合作倡议	申现杰 肖金成	宏观经济研究	2014-11-18	期刊	692	46749
4	“一带一路”与中国地缘政治经济战略的重构	李晓 李俊久	世界经济与政治	2015-10-14	期刊	519	57173
5	百年大变局、高质量发展与构建新发展格局	王一鸣	管理世界	2020-12-05	期刊	475	29980

图 4.25　单击文献查看具体内容

单击进入的界面如图 4.26 所示，引文网络图中可以看到本篇文章的参考文献和引证文献，帮助我们了解这个主题的研究脉络。将页面往下拉，会看到该主题相关的推送资源，包括相似文献、同行关注文献、相关作者文献，如图 4.27 所示。这样就由一篇文章检索到许多主题相关的文章，由点到面更多地了解这个主题的资源。

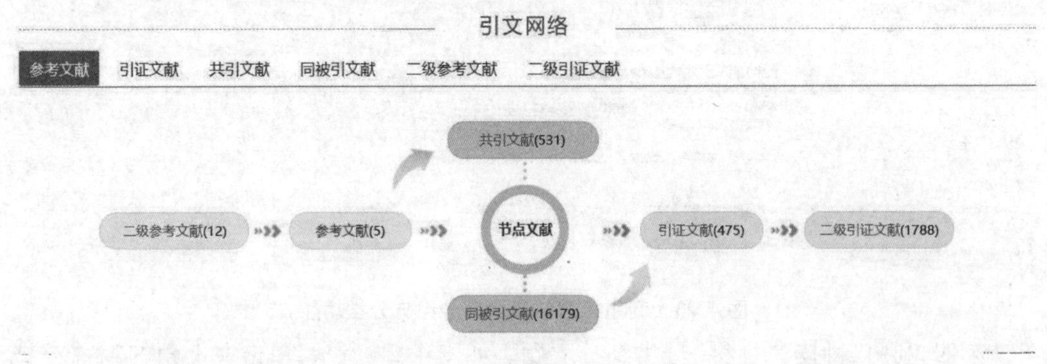

图 4.26　查看其知网细节信息

利用检索技巧进行检索可以更精准地找到我们所需的资源，帮助我们节省文献检索的时间。

除了中国知网，还有维普网、万方数据库也是国内常用的数据库。

相关文献推荐

相似文献 读者推荐 相关基金文献 关联作者 相关视频 批量下载

[1] 百年未有之大变局下的中国新发展格局[J]. 肖薇.西部学刊,2021(23)

[2] 中国战略机遇与世界百年未有之大变局[J]. 张运成.前线,2022(12)

[3] 世界百年未有之大变局视野下的"一带一路"研究[J]. 姜安印;刘博.上海经济研究,2021(01)

[4] 论百年未有之大变局背景下的中国发展[J]. 袁新月.现代商贸工业,2021(21)

[5] 数字时代"百年未有之大变局":中国持续发展的重大机遇[J]. 曹冬英.新余学院学报,2021(02)

[6] 工业时代"百年未有之大变局"——非洲欠发达的缘起[J]. 曹冬英.齐齐哈尔大学学报(哲学社会科学版),2020(03)

[7] 论"世界百年未有之大变局"及其方略[J]. 黄建钢.华北电力大学学报(社会科学版),2020(01)

[8] 世界百年大变局与策略[J]. 邹力行.新理财(政府理财),2019(08)

[9] 应对变局须有识变之智应变之方求变之勇[J]. 胡建新.中华魂,2022(12)

[10] "稳"字当头 以强为本[J]. 徐光裕.祖国,2019(24)

图 4.27 利用文献引证关系由点到面

4.3.5 收发电子邮件

1) 申请网易邮箱

电子邮箱有免费和 VIP 两种,VIP 邮箱更安全稳定。下面以在网易申请免费电子邮箱为例,说明电子邮箱的申请过程。具体操作步骤如下:

在 IE 地址栏中输入 www. 163. com,打开网易首页。

单击右上角的"注册免费邮箱"按钮,打开如图 4. 28 所示的注册界面,有字母邮箱、手机号码邮箱和 VIP 邮箱三种选择。这里选择"注册字母邮箱"选项卡,按要求输入邮件地址、密码和验证码,默认勾选"同意'服务条款'和'隐私权相关条款'"复选框。

图 4. 28 网易免费电子邮箱注册页面

单击"立即注册"按钮,注册完成,自动进入网易免费邮箱,如图 4. 29 所示。其中显示所注册电子邮箱的地址,格式为:用户名@163. com。

图 4.29　网易免费电子邮箱

至此，免费电子邮箱注册完成，以后若想打开电子邮箱，可以在 IE 地址栏中输入 Email. 163. com，打开登录界面，输入账号和密码后，单击“登录”按钮即可。

2) QQ 邮箱使用

使用 QQ 邮箱发送邮件，登录 QQ 邮箱网页端后，单击“写信”进入发送邮件的编辑框。与一般邮件相同，分别填写收件人、主题和正文，然后发送，如图 4.30 所示。

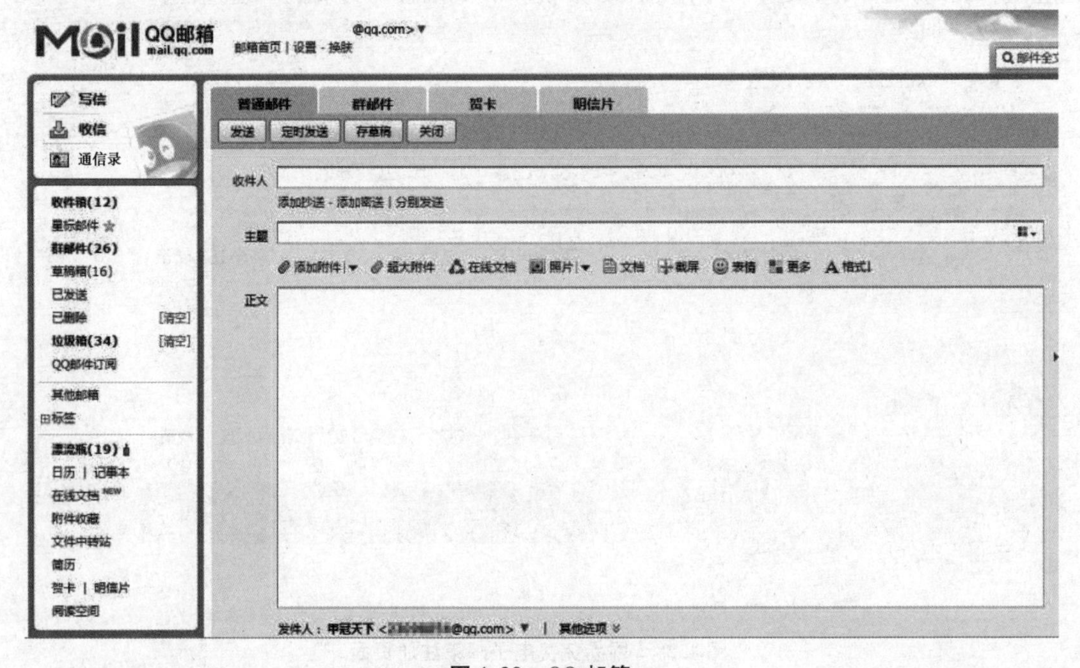

图 4.30　QQ 邮箱

QQ 邮箱中有个高级的功能是在线文档，如图 4.31 所示，当计算机上没有 Word 等办

公软件时，可以直接利用邮箱创建一个在线的文档。用户还可以从在线文档库中选择文件，如果平时需要先保存一些文件以备发送，可以选择保存在邮箱的在线文件库中。

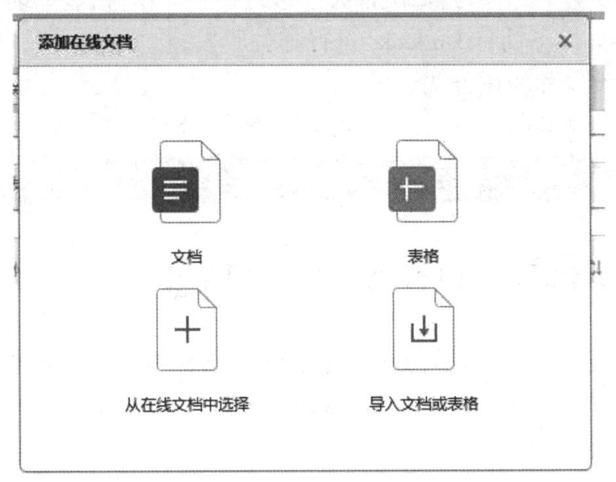

图 4.31　QQ 邮箱添加在线文档

QQ 邮箱另一个强大的功能在于，它可以直接发送一些网页上的照片，用户只需要复制网页地址即可，如图 4.32 所示。

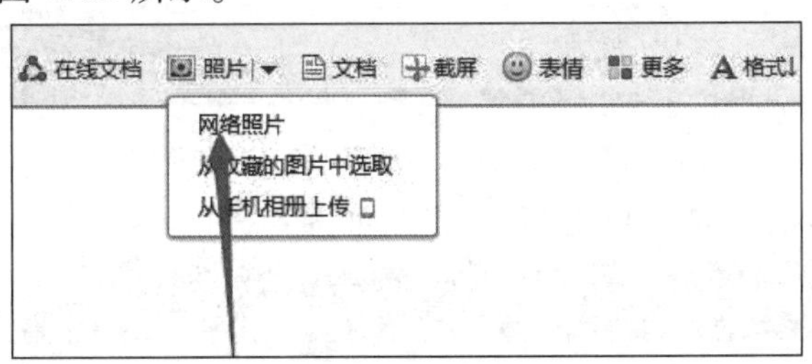

图 4.32　QQ 邮箱发送网络照片

QQ 邮箱还有一个强大的功能是它能够发送位置。这样，在告诉对方地址时可以显得更形象，如图 4.33 所示。

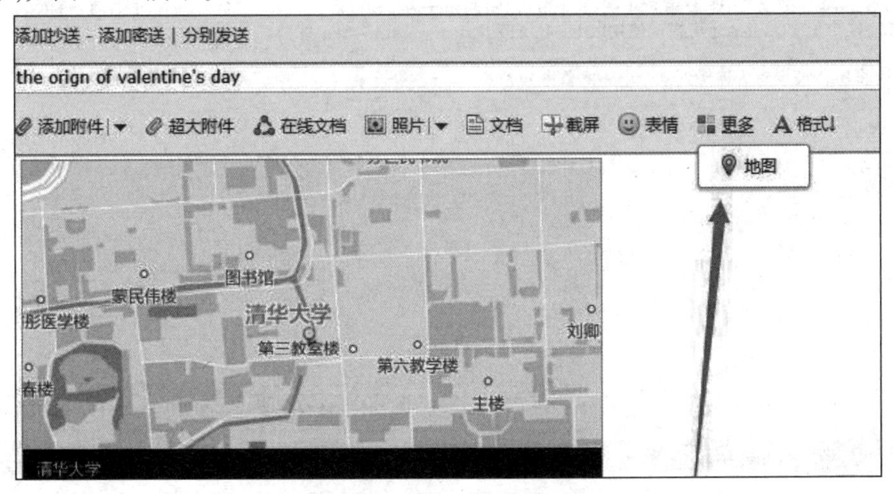

图 4.33　QQ 邮箱发送位置

3)利用 Outlook 收发电子邮件

以网页方式收发电子邮件时,每次都必须进行登录操作,稍显烦琐。利用 Windows 自带的 Outlook Express(以下简称 Outlook)进行邮件收发,将更加方便。以 163 免费邮箱为例,说明 Outlook 的设置和使用方法。

①打开 Microsoft Outlook 2013,进入欢迎页,单击"下一步",如图 4.34 所示。

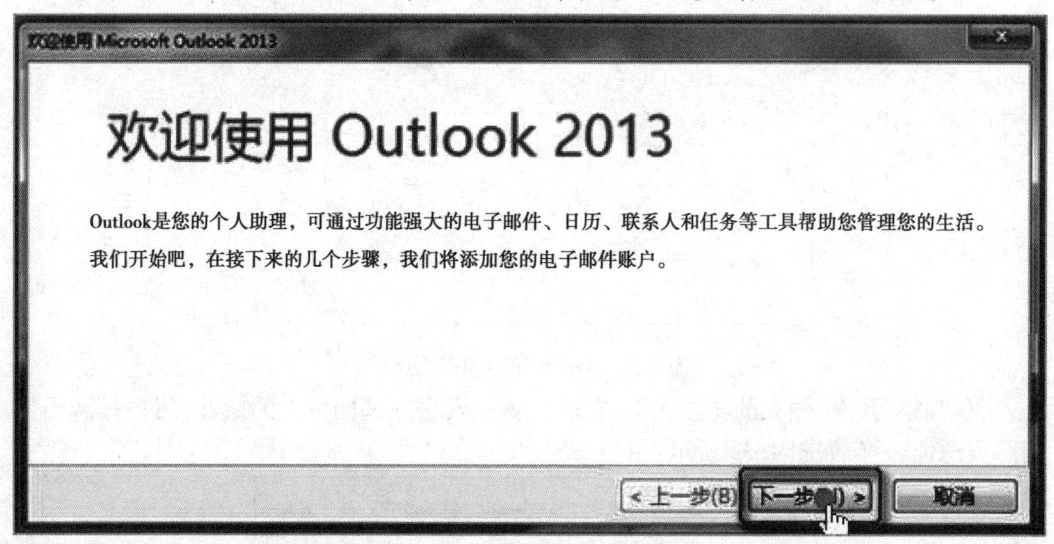

图 4.34　Microsoft Outlook 2013 欢迎页

②弹出对话框,选择"是",单击"下一步",如图 4.35 所示。

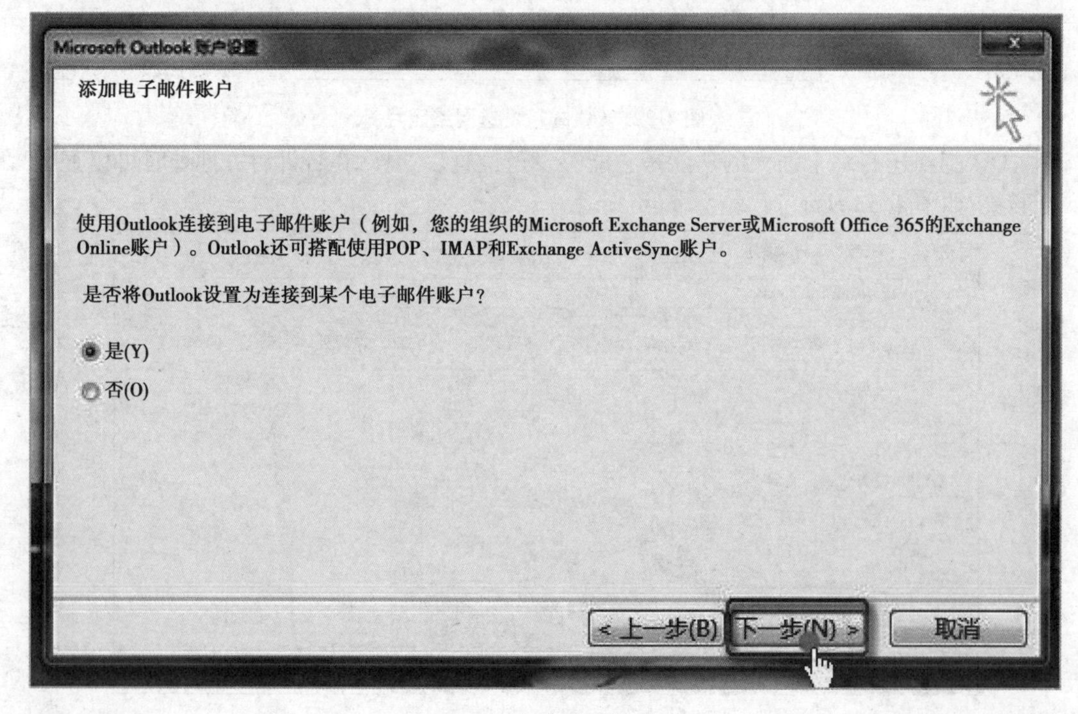

图 4.35　添加电子账户

③输入“您的姓名”“电子邮件地址”“密码”，并选择“手动设置或其他服务器类型”，单击“下一步”，如图 4.36 所示。

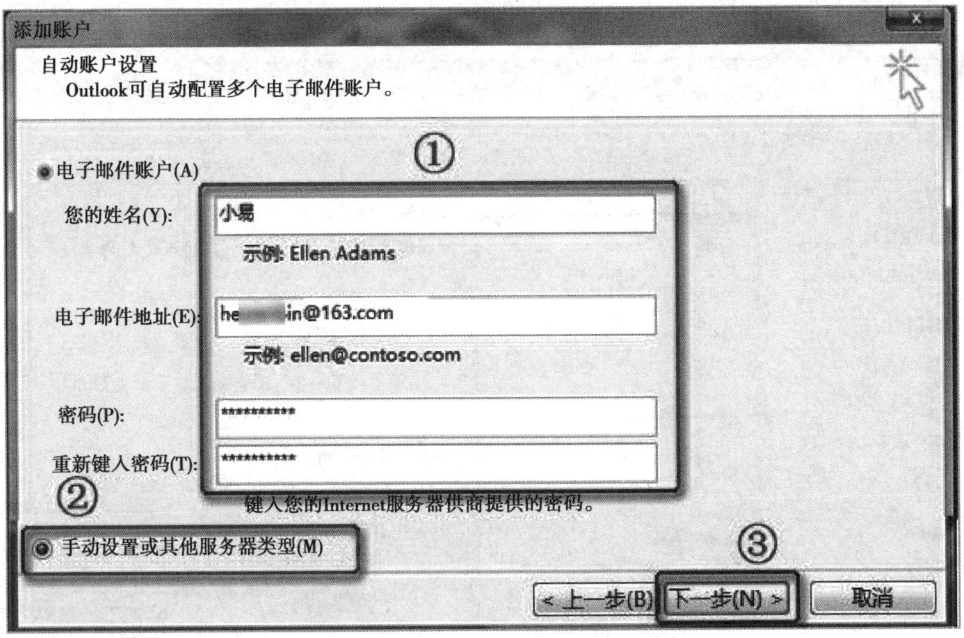

添加账户
自动账户设置
Outlook可自动配置多个电子邮件账户。
①
电子邮件账户(A)
您的姓名(Y): 小易
示例: Ellen Adams
电子邮件地址(E): he in@163.com
示例: ellen@contoso.com
密码(P): **********
重新键入密码(T): **********
②
键入您的Internet服务器供商提供的密码。
手动设置或其他服务器类型(M)
③
< 上一步(B) 下一步(N) > 取消

图 4.36 账户参数设置

④选中“POP 或 IMAP(P)”，单击“下一步”，如图 4.37 所示。

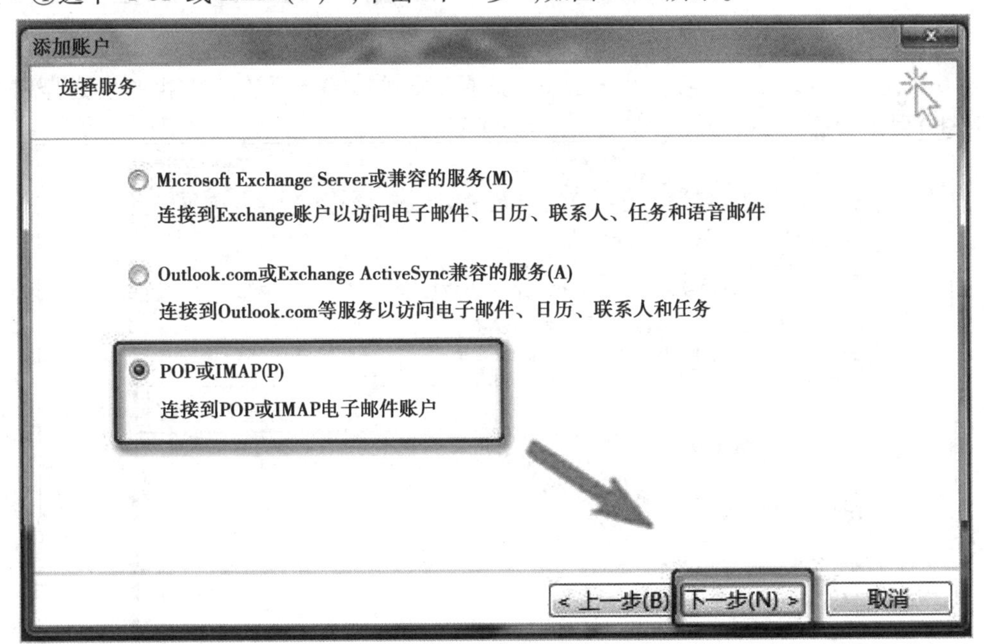

图 4.37 选择服务

⑤按页面提示填写账户信息，如图 4.38 所示。

账户类型选择：POP3 或 IMAP；

接收邮件服务器：pop. 163. com 或 imap. 163. com；

发送邮件服务器:smtp. 163. com;

用户名:使用系统默认(即不带后缀的@163. com);

填写完毕后,单击"其他设置"。

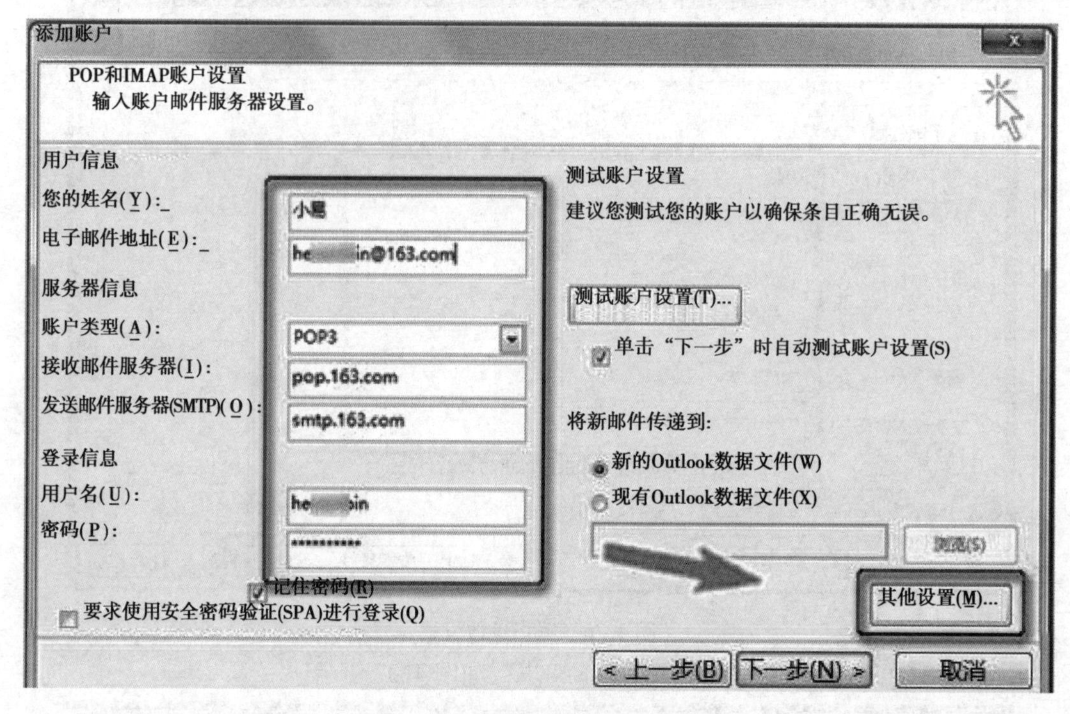

图 4.38　POP 和 IMAP 账户设置

⑥单击"其他设置"后会弹出对话框,选择"发送服务器",勾选"我的发送服务器(SMTP)要求验证",并单击"确定",如图 4.39 所示。

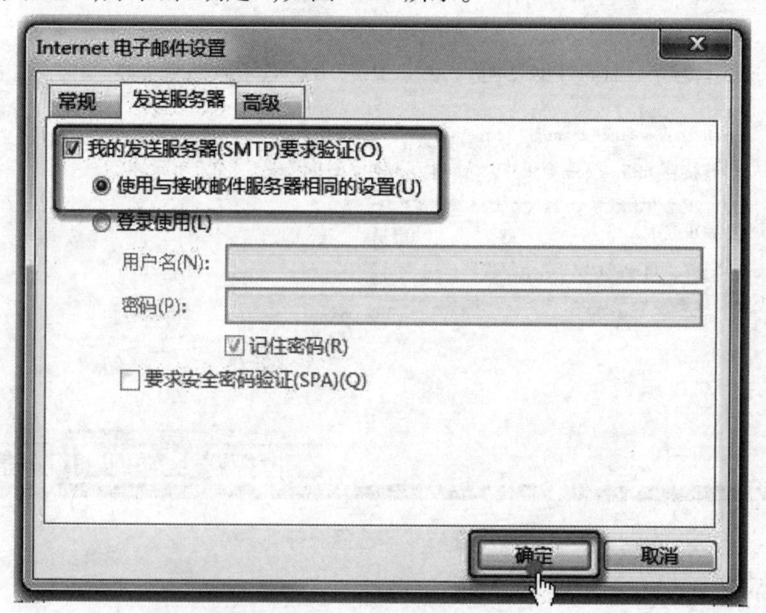

图 4.39　其他设置

⑦回到刚才的对话框,单击“下一步”,如图 4.40 所示。

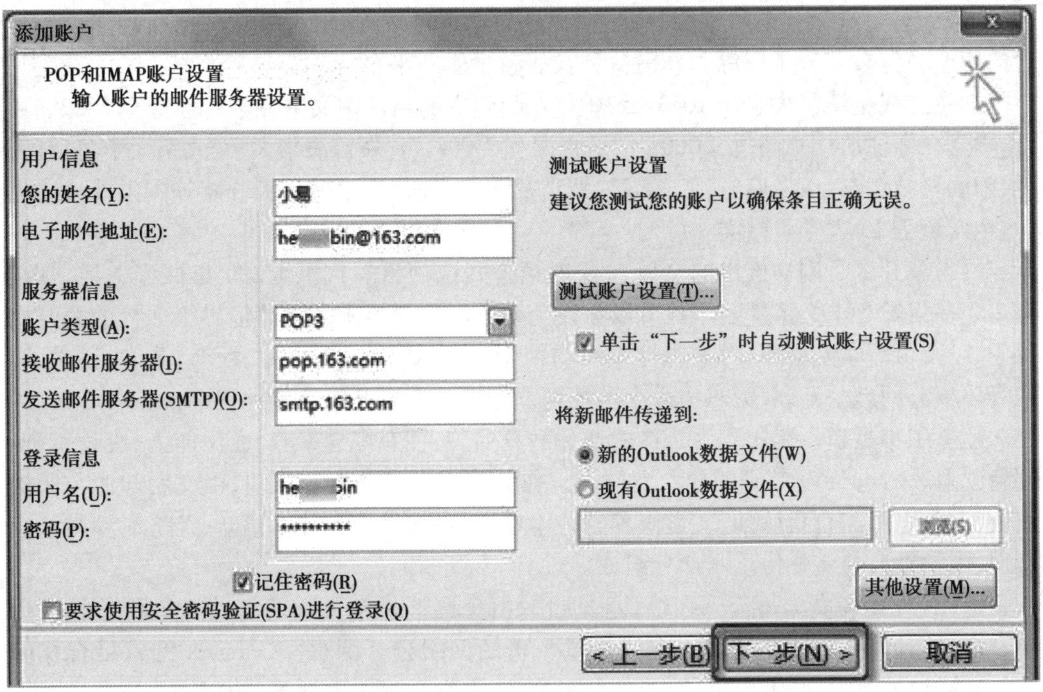

图 4.40　POP 和 IMAP 账户设置

在弹出的“测试账户设置”对话框,如出现图 4.41 所示情况,说明设置成功。

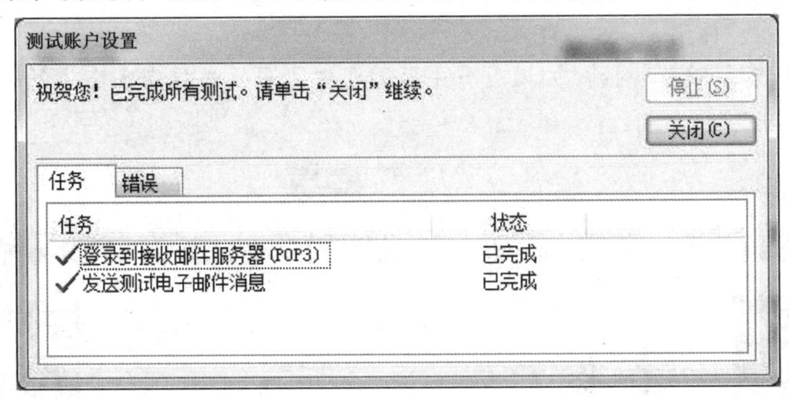

图 4.41　设置完成

注意:如果登录连接测试失败,一方面请检查相关参数是否设置正确;另一方面可能是网易设置了邮箱保护,需要通过浏览器登录网易邮箱,在“设置”选项中选择 POP3/SMTP/IMAP,并开启相关服务。

4.3.6　使用在线教育资源

在线教育顾名思义,是以网络为介质的教学方式。通过网络,学员与教师即使相隔万里也可以开展教学活动。此外,借助网络课件,学员还可以随时随地进行学习,真正打破了时间和空间的限制。对于工作繁忙,学习时间不固定的职场人而言,网络远程教育是最方便不过的学习方式。在线教育的形式较多,比如,网校、MOOC、网络课堂、在线课程等。

“职业教育数字化学习中心”(也称“智慧职教”网站)是由高等教育出版社建设和运营的职业教育数字教学资源共享平台和在线教学服务平台。

学堂在线是清华大学于2013年10月发起建立的精品中文慕课平台。截至2022年3月,学堂在线注册用户超过9 000万,平台课程3 000门,来自清华大学、北京大学、复旦大学、中国科技大学,以及麻省理工学院、斯坦福大学、加州大学伯克利分校等国内外一流大学,全面覆盖13大学科门类。

网易公开课是网易推出的全球名校视频公开课项目。首批1 200集课程上线,其中有200多集配有中文字幕。用户可以在线免费观看来自哈佛大学等世界级名校的公开课课程,以及可汗学院、TED等教育性组织的精彩视频,内容涵盖人文、社会、艺术、科学、金融等领域。网易公开课,力求为爱学习的网友创造一个公开的免费课程平台。

超星尔雅是超星集团着力打造的通识教育品牌,拥有综合素养、通用能力、成长基础、创新创业、公共必修、考研辅导六大门类。作为核心的综合素养板块,由文明起源与历史演变、人类思想与自我认知、文学修养与艺术鉴赏、科学发现与技术革新、经济活动与社会管理、国学经典与文化传承六部分组成。

Coursera是免费大型公开在线课程项目,由美国斯坦福大学两名计算机科学教授创办。旨在同世界顶尖大学合作,在线提供免费的网络公开课程。Coursera的首批合作院校包括斯坦福大学、密歇根大学、普林斯顿大学、宾夕法尼亚大学等美国名校。

edX是麻省理工和哈佛大学于2012年4月联手创建的大规模开放在线课堂平台。它免费给大众提供大学教育水平的在线课堂。

“智慧职教”使用

①登录“智慧职教”网站(如果没有账号需要先注册),选择资源库中的电子信息大类,如图4.42所示。

图4.42　智慧职教网站

②选择“云计算技术与应用”资源库,如图4.43所示。

③选择相关课程,并参加学习,如图4.44所示。

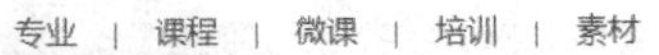

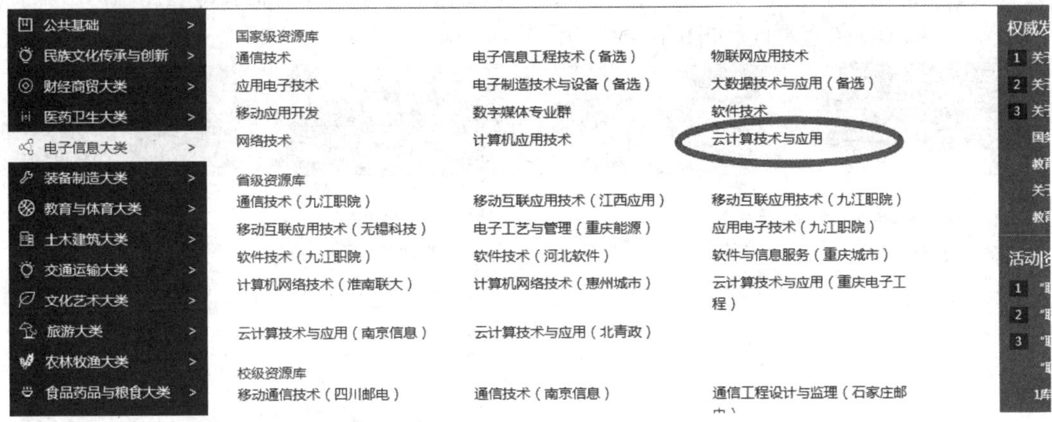

图 4.43　选择资源库

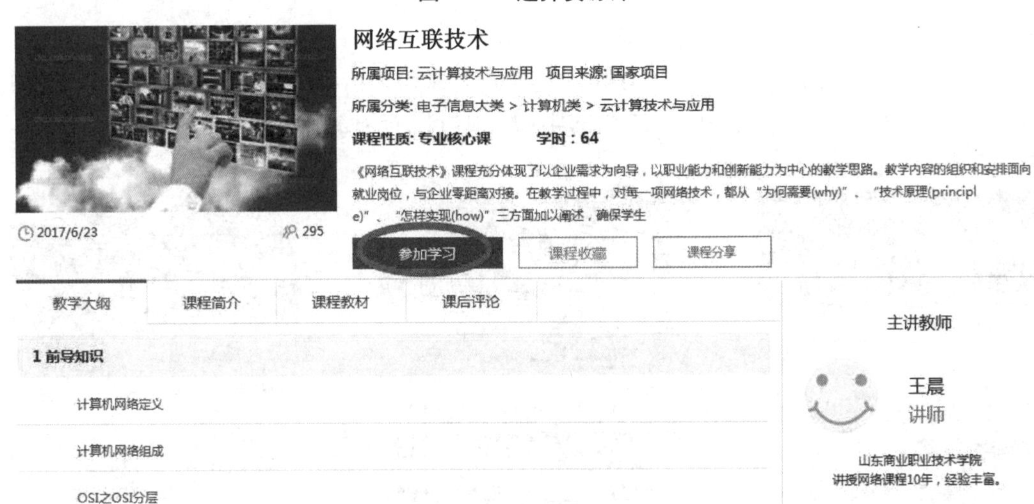

图 4.44　选择课程

④进入个人学习中心，就可以选择相关知识点学习了，如图 4.45 所示。

图 4.45　课程学习

⑤智慧职教同时提供了手机 App——云课堂 App，进入 App 首页，单击“MOOC”图标进入学习 MOOC 课程页面，如图 4.46 所示。

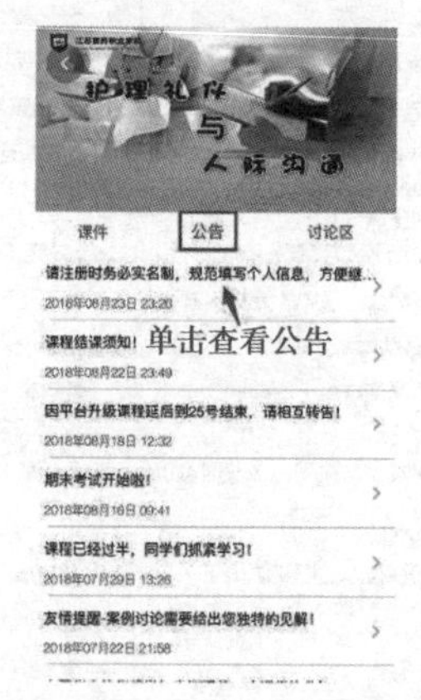

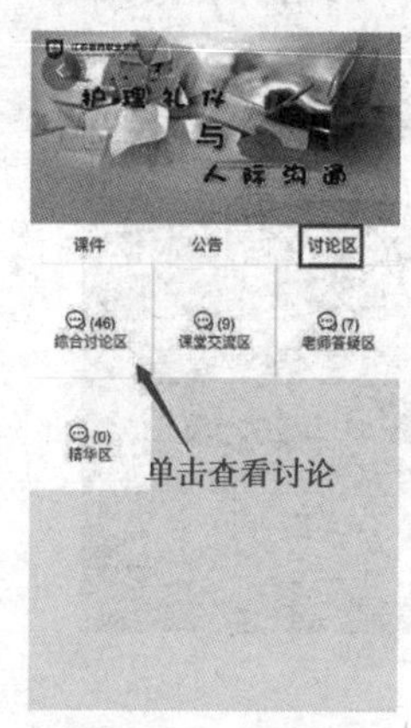

图 4.46　云课堂 App

⑥进入“所有课程”，单击“课程详情”进入查看课程详情，可以单击图片右上角的“加入学习”参加该门课程的学习。在“我的学习”中可以查看到该门课程并进行内容的学习，如图 4.47 所示。

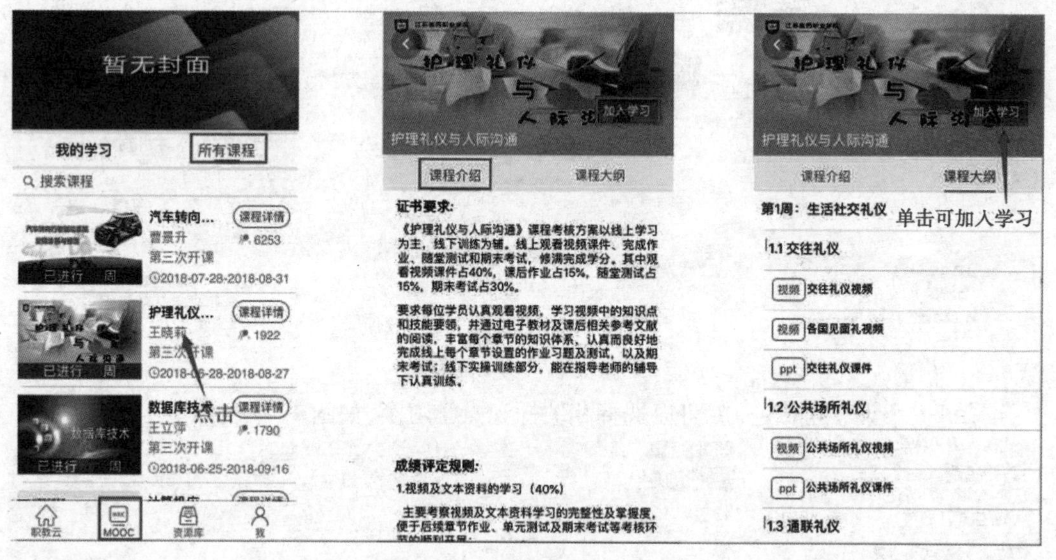

图 4.47　加入课程

4.4　学习资料

4.4.1　Internet

Internet 的中文正式译名为因特网，又称为国际互联网。它是由那些使用公用语言互相通信的计算机连接而成的全球网络。一旦计算机连接到它的任何一个节点上，就意味着已经连入了 Internet。Internet 目前的用户已经遍及全球，有超过几亿人在使用 Internet，并且它的用户数还在飞速上升。

Internet 起源于美国国防部高级计划研究局的 ARPANET,在 20 世纪 60 年代末,出于军事需要计划建立一个计算机网络,当网络中部分网络被摧毁时,其余部分会很快建立新的联系。当时在美国 4 个地区进行互联实验,采用 TCP/IP 作为基础协议。Internet 最初的宗旨是用来支持教育和科研活动。但是随着 Internet 规模的扩大,应用服务的发展,以及市场全球化需求的增长,Internet 开始了商业化服务。在 Internet 引入商业机制后,准许以商业为目的的网络连入 Internet,使 Internet 得到迅速发展,很快便达到了今天的规模。Internet 对社会的发展产生了巨大的影响,用户在网上可以从事电子商务、远程教学、远程医疗,可以访问电子图书馆、电子博物馆,可以阅读电子出版物,可以进行网上聊天、娱乐等。Internet 已经渗透人们生活、学习、工作的方方面面,同时促进了电子文化的形成和发展。

由于 Internet 存在着技术上和功能上的不足,加上用户数量猛增,使得 Internet 不堪重负。因此,1996 年美国的一些研究机构和 34 所大学提出了研制和建造新一代 Internet 的设想,并宣布实施"下一代因特网计划(Next-Generation Internet,NGI)"。

1987 年,我国通过拨号与国际互联网连通电子邮件服务。1991 年,中国科学院高能物理研究所通过国际卫星建立了 64 Kbit/s 的专线连接。1994 年 4 月,由中国科学院主持,联合北京大学、清华大学共同完成中国国家计算与网络设施 NCFC;同年,开通与国际的 Internet 连接,并以"cn"作为我国的最高域名在互联网网管中心注册,真正实现了 TCP/IP 连接,标志着我国正式加入互联网。我国在 Internet 网络基础设施建设方面进行了大规模投入,建成了中国公用计算机互联网(ChinaNet)、中国教育科研网络(CERNet)等主干网络。由光缆、微波和卫星通信所构成的全国骨干网已经建成,覆盖全国范围的数据通信网络已粗具规模,为 Internet 在我国的普及打下了良好的基础。

我国在实施国家信息基础设施(CNII)计划的同时,也积极参与了国际下一代 Internet 的研究和建设。2004 年 12 月,中国第一个下一代互联网络示范工程核心网(CERNet2)正式开通,标志着我国下一代 Internet 建设全面拉开序幕,并在世界下一代 Internet 发展上取得关键的时机。

目前,中国主要的大型 Internet 网络如下:

1)公用计算机互联网 ChinaNet

ChinaNet 是原邮电部组织建设和管理的。原邮电部与美国 Sprint Link 公司在 1994 年签署 Internet 互联协议,开始在北京、上海两个电信局进行 Internet 网络互联工程。目前,ChinaNet 在北京和上海分别有两条专线,作为国际出口。

ChinaNet 由骨干网和接入网组成。骨干网是 ChinaNet 的主要信息通路,连接各直辖市和省会网络接点,骨干网已覆盖全国各省区市,包括 8 个地区网络中心和 31 个省区市网络分中心。接入网是由各省内建设的网络节点形成的网络。

2)中国教育科研网 CERNet

中国教育和科研计算机网 CERNet 是 1994 年由国家计委、国家教委批准立项、国家教委主持建设和管理的全国性教育和科研计算机互联网络。该项目的目标是建设一个全国性的教育科研基础设施,把全国大部分高校连接起来,实现资源共享。它是全国最大的公益性互联网络。

CERNet 已建成由全国主干网、地区网和校园网在内的三级层次结构网络。CERNet 分四级管理,分别是全国网络中心、地区网络中心和地区主结点、省教育科研网、校园网。CERNet 全国网络中心设在清华大学,负责全国主干网的运行管理。地区网络中心和地区主结点分别设在清华大学、北京大学、北京邮电大学、上海交通大学、西安交通大学、华中科技大学、华南理工大学、电子科技大学、东南大学、东北大学等 10 所高校,负责地区网的运行管理和规划建设。

2013 年,建成了世界先进的 100 G CERNet 主干网,接入高校和科研单位超过 2 000 所,用户超过 2 000 万人,为高等教育和科技创新提供了先进的信息基础设施。

CERNet 还是中国开展下一代互联网研究的试验网络,它以现有的网络设施和技术力量为依托,建立了全国规模的 IPv6 试验床。1998 年 CERNet 正式参加下一代 IP 协议(IPv6)试验网 6BONE,同年 11 月成为其骨干网成员。CERNet 在全国第一个实现了与国际下一代高速网 INTERNet 2 的互联,目前国内仅有 CERNet 的用户可以顺利地直接访问 INTERNet 2。

CERNet 还支持和保障了一批国家重要的网络应用项目。例如,全国网上招生录取系统在 2000 年普通高等学校招生和录取工作中发挥了相当大的作用。

CERNet 的建设,加强了我国信息基础建设,缩小了与国外先进国家在信息领域的差距,也为我国计算机信息网络建设起到了积极的示范作用。

3)中国科学技术网 CSTNet

中国科技信息网(China Science and Technology Network, China STINet)是国家科学技术委员会联合全国各省、市的科技信息机构,采用先进信息技术建立起来的信息服务网络,旨在促进全社会广泛的信息共享、信息交流。中国科技信息网络的建成对加快中国国内信息资源的开发和利用,促进国际交流与合作起到了积极的作用,以其丰富的信息资源和多样化的服务方式为国内外科技界和高技术产业界的广大用户提供了服务。

中国科技信息网是利用公用数据通信网为基础的信息增值服务网,在地理上覆盖全国各省市,逻辑上连接各部、委和各省、市科技信息机构,是国家科技信息系统骨干网,同时也是国际 Internet 的接入网。中国科技信息网从服务功能上是 Intranet 和 Internet 的结合。其 Intranet 功能为国家科委系统内部提供了办公自动化的平台以及国家科委、地方省市科委和其他部委科技司局之间的信息传输渠道;其 Internet 功能则为主要服务于专业科技信息服务机构,包括国家、地方省市和各部委科技信息服务机构。

中国科技信息网自 1994 年与 Internet 接通之后取得了迅速发展,目前已经在全国 20 余个省市建立网络节点。

4)国家公用经济信息通信网络(金桥网)ChinaGBN

金桥网是建立在金桥工程的业务网,支持金关、金税、金卡等"金"字头工程的应用。它是覆盖全国,实行国际联网,为用户提供专用信道、网络服务和信息服务的基干网,金桥网由中国吉通公司牵头建设并接入 Internet。

4.4.2 域名

在 Internet 中,使用 IP 地址就可以直接访问网络中相应的主机资源。但由于 IP 地址是一串抽象的数字,不便于记忆。从1985年起,在Internet上开始向用户提供域名服务器(Domain Name Sener,DNS)服务,即用具有一定含义又便于记忆的字符(域名)来识别网上的计算机,帮助人们在Internet上用名字来唯一标识计算机,并保证主机名和IP地址一一对应。

例如,有以下的IP地址与域名的对应关系。

138.132.35.53 www.mit.edu(美国)耶鲁大学

166.111.4.100 www.tsinghua.edu.cn(中国)清华大学

124.205.79.6 www.pnu.edu.cn(中国)北京大学

为避免重名,主机的域名采用层次结构表示,各层次子域名之间用点隔开,从右到左分别为顶级域名、二级域名、三级域名直至主机名,其结构如下:

主机名.…….二级域名.顶级域名

顶级域名一般分成两类:一是地理顶级域名,共有243个国家和地区的代码。如CN代表中国,JP代表日本,UK代表英国等。另一类是组织顶级域名,常见的组织型域名见表4.3。

表4.3 常见的组织型域名

域 名	含 义	域 名	含 义
com	工商组织	gov	政府部门
edu	教育部门	org	事业机构
net	网络服务	int	国际组织
mil	军事部门		

4.4.3 常用浏览器

浏览器是一种客户机软件,能够把HTML描述的信息转换成用户可以看懂的网页界面的形式,用于浏览万维网的网页;同时,还可将用户请求转换为网络计算机可以识别的命令。

Web系统结构采用C/S(客户机/服务器)模式。通过TCP/IP网络,Web浏览器首先与Web服务器建立连接,浏览器发送客户请求,Web服务器进行响应,回送应答数据,最后关闭连接。这样,一次基于HTTP协议的会话完成。常见的浏览器如下。

IE浏览器(Internet Explorer)是世界上使用最广泛的浏览器之一,它由微软公司开发,预装在Windows操作系统中,其图标如图4.48所示。所以装完Windows系统之后就会有IE浏览器。

Safari浏览器由苹果公司开发,它也是使用得比较广泛的浏览器之一,如图4.49所示。Safari预装在苹果操作系统当中,从2003年首发测试以来到现在已经20个年头,是苹果系统的专属浏览器,其图标如图4.49所示。

图 4.48　IE 浏览器图标

图 4.49　Safari 浏览器图标

谷歌浏览器 Chrome 是一款由 Google 公司开发的网页浏览器，图标如图 4.50 所示。目前，已位居全球一线浏览器行列，全球累计装机量已经超过了 20 亿次。它拥有丰富的插件资源，能满足各种使用需求。如最新版的软件安装为未被谷歌收录的第三方插件，每次打开浏览器都会弹出安全提示。

Opera 浏览器是一款由挪威 Opera Software ASA 公司开发的网页浏览器，其图标如图 4.51 所示，可以在多平台上运行，操作界面简洁。其侧边栏快速拨号功能可以很方便地打开收藏的网页，还可以自定义选择搜索引擎。拥有丰富的插件资源，同时支持谷歌插件。

图 4.50　谷歌浏览器 Chrome 图标

图 4.51　Opera 浏览器图标

搜狗浏览器由搜狗公司开发，基于谷歌 Chromium 内核，兼容 Chrome 全部的扩展插件，图标如图 4.52 所示。

火狐浏览器是一个自由及开放源代码的网页浏览器，使用 Gecko 排版引擎，拥有丰富的插件资源，同时兼容谷歌插件，其图标如图 4.53 所示。

图 4.52　搜狗浏览器图标

图 4.53　火狐浏览器图标

360 安全浏览器是 360 安全中心推出的一款基于 IE 和 Chrome 双内核的浏览器,结合 360 安全卫士,可自动拦截挂马、欺诈、网银仿冒等恶意网址。360 浏览器同样兼容谷歌插件,其图标如图 4.54 所示。

4.4.4 Web 网站与网页

WWW(World Wide Web)即全球广域网,也称为万维网,是以超文本标注语言 HTML(Hyper Text Markup Language)与超文本传输协议 HTTP(Hyper Text Transfer Protocol)为基础,能够提供面向 Internet 服务的、一致的用户界面的信息浏览系统。

图 4.54 360 安全浏览器图标

所谓网站(Website),就是指在因特网上,根据一定的规则,使用 HTML 等工具制作的用于展示特定内容的相关网页的集合。简单地说,网站是一种通信工具,就像布告栏一样,人们可以通过网站来发布或收集信息。网页,是网站中的一个页面,网页通常是构成网站的基本元素,是承载各种网站应用的平台。通俗地说,网站就是由网页组成的。

1)超文本和超链接技术

超文本(Hyper Text)中不仅包括文本信息,而且还可以包含图形、声音、图像和视频等多媒体信息,所以称为超文本。超文本中还可以包含指向其他网页的链接,称为超链接(Hyper Link)。由超链接指向的网页可以在本地计算机上,也可以在其他远程服务器上。

在一个超文本文件里可以包含多个超链接,这些超链接可以形成一个纵横交错的链接网。用户在阅读时,可以通过单击超链接从一个网页跳转到另一个网页。

2)URL 与 HTTP 技术

URL 是"统一资源定位器"(Uniform Resource Locator,URL),通俗地说,它是用来指出某一项信息所在位置及存取方式的。比如,我们要上网访问某个网站,在 IE 或其他浏览器里的地址栏中所输入的就是 URL。URL 是 Internet 用来指定一个位置(Site)或某一个网页(Web Page)的标准方式,它的语法结构如下:

协议名称://主机名称[:端地址/存放目录/文件名称]

例如:http://www.microsoft.com:23/exploring/exploring.html,其中,http 为协议名称,www.microsoft.com 为主机名称,23 为端口地址,exploring 为存放目录,exploring.html 为文件名称。

在 URL 语法格式中,除了协议名称及主机名称是必须有的,其余的如端口地址、存放目录等都可以省略。常用协议名称见表 4.4。

表 4.4 常用协议名称

协议名称	协议说明	示 例
http	www 上的存取服务	http://www.yahoo.com
telnet	代表使用远端登录的服务	telnet://bbs.nstd.edu
ftp	文件传输协议,通过互联网传输文件	ftp://ftp.microsoft.com/

文字与图片是构成一个网页的两个最基本的元素。你可以简单地理解为:文字,就是网页的内容;图片,就是网页的美化。除此之外,网页的元素还包括动画、音乐、程序等。网页有多种分类,传统意义上的分类是动态和静态的网页,原则上讲静态网页多通过网站设计软件来进行重新设计和更改,相对比较滞后。当然有网站管理系统,也可以生成静态网页,我们称这种静态网页为静态。动态网页通过网页脚本与语言自动处理自动更新的页面,比方说贴吧,就是通过网站服务器运行程序,自动处理信息,按照流程更新网页。

3)网站的分类

另外根据网站的用途分类,网站可以分为以下几大类。

(1)新闻视频类网站

新闻视频类网站主要是经营以新闻或者传播新闻视频等业务为主要生存手段的网站,包括国家大型的新闻门户、权威性比较高的视频类网站。新浪、搜狐、网易等这些门户网站涵盖了新闻网站的所有特性,如图 4.55 所示的搜狐网站。

图 4.55　搜狐网站

(2)门户网站

门户网站(Portal Site)是一个应用框架,它将各种应用系统、数据资源和互联网资源集成到一个信息管理平台之上,并以统一的用户界面提供给用户,使企业可以快速地建立企业对客户、企业对内部员工和企业对企业的信息传递通道,使企业能够释放存储在企业内部和外部的各种信息。

门户网站又分为以下 3 类。

①搜索引擎式门户网站。搜索引擎式门户网站的主要功能是提供强大的搜索引擎和其他各种网络服务,现在这类网站在我国比较少,百度搜索在国内所占市场份额最大。

②综合性门户网站。综合性门户网站以新闻信息、娱乐咨询为主,如新浪、搜狐等。

③地方生活门户网站。地方生活门户网站是时下最流行的,其内容以本地资讯为主,

一般包括同城网购、求职招聘、生活社区等大的频道,如图4.56所示的58同城网站。

图4.56 58同城网站

(3)政府网站

政府网站是指一级政府在各部门的信息化建设基础上,建立起的跨部门的、综合的业务应用系统,使公民、企业与政府人员都能快速、便捷地接入所有相关政府部门的政务信息与业务应用,如图4.57所示的工信部网站。

图4.57 工信部网站

(4)商务网站

商务网站是指一个企业或机构在互联网上建立的站点,主要用于宣传企业形象、发布产品信息、宣传经济法规、提供商业服务。商务网站主要是一些银行、基金等纯粹性的商务网站，提供服务、查询、办理、交易等纯交易性质的业务。后来，随着电子商务的兴起，越来越多的人加入电商行业，促使个人站点向商务网站靠拢，大型的如淘宝网、京东等，小型的如一些团购网站等，都是商务网站发展的缩影，如图4.58所示的淘宝网站。

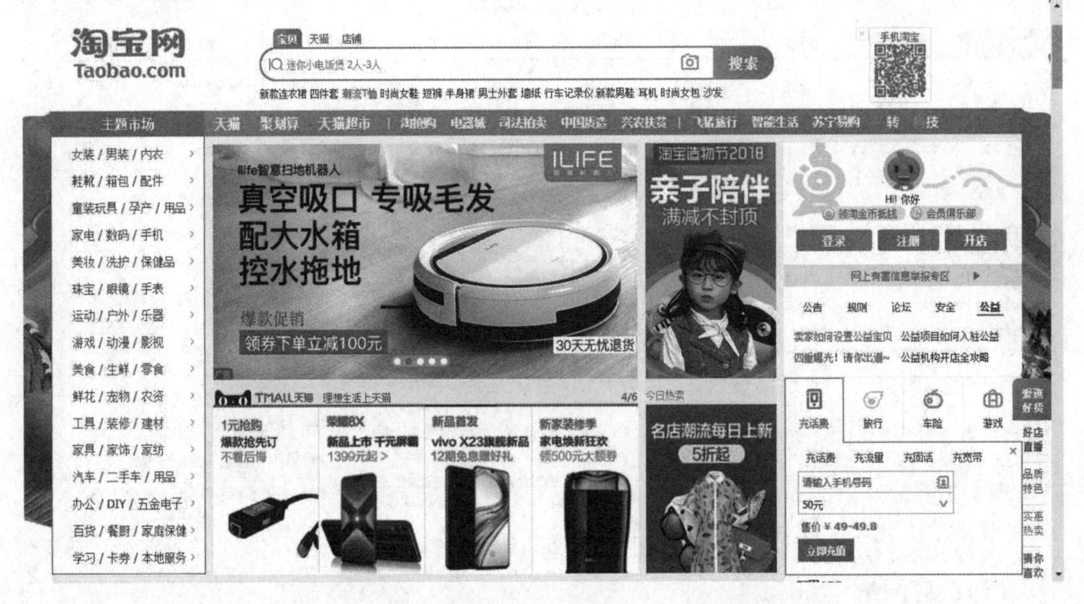

图4.58　淘宝网站

(5)专业网站

专业网站是指专门从事某一领域工作的网站，如站长百科，各种技术论坛的网站，如图4.59所示的CSDN-专业IT技术社区。

图4.59　CSDN-专业IT技术社区网站

4.4.5 搜索引擎

搜索引擎泛指网络上以一定的策略搜集信息,并对信息进行组织和处理,为用户提供信息检索服务的工具或系统,是网络信息检索工具的总称。从使用者的角度看,搜索引擎为用户提供了一个查找 Internet 上信息内容的入口,查找的信息内容包括网页、图片、视频、地图及其他类型的文档。

搜索引擎预先收集 Internet 上的信息,并对收集的信息进行组织、整理和索引,建立索引数据库。当用户搜索某项内容的时候,所有在索引数据库中保存的相关的网络信息都将被搜索出来,再按照某种算法进行排序后,将相关链接作为搜索结果呈现给用户,这就是搜索引擎的工作方式。

常见的搜索引擎有百度、360 搜索、谷歌(Google)、搜狗(Sogou)、必应(Bing)、有道、雅虎、神马等,市场所占份额如图 4.60 所示。

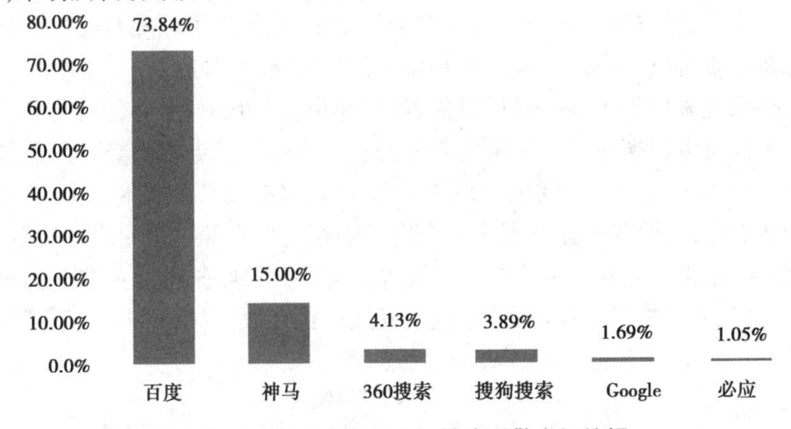

图 4.60 2018 年 7 月中国搜索引擎市场份额

4.4.6 数据库的检索

数据库是对大量的规范化数据进行存储和管理的技术。它将要处理的数据经合理分类和规范化处理后,以记录的形式存储于计算机中。利用数据库技术进行网络信息的组织,可以在很大程度上提高信息的有序性、完整性、安全性和可理解性,并提高对大量的结构化数据的处理效率。随着数据库技术的发展,数据库存储的内容已包括文字、声音、图像、视频等多种资料,内容范围也涉及各个学科、各个行业。

网络数据库存储的都是经过人工严格收集、整理、加工和组织的具有较高学术价值、科研价值的信息。但是,由于各个数据库后台的异构性和复杂性以及对其使用的限制,利用一般性的网络信息资源检索工具如搜索引擎无法检索出其中的信息,就必须利用各个数据库专用的检索系统检索。

网络数据库按内容可分为以下几种。

①参考数据库。书目、索引、文摘等二次文献检索工具的电子版。

②事实、数据数据库。主要报道事实和数据信息,包括字典、词典、百科全书、年鉴、手册等。

③全文数据库。存储和报道各种文献的全文。

④多媒体数据库。存储多种媒体资料(如图片、音频、视频)。

⑤按照语种划分,网络数据库可分为中文数据库和外文数据库。

4.4.7 电子邮件

电子邮件(E-mail)是利用计算机网络交换电子信件的通信手段,具有方便、快速、不受地域和时间限制、费用低廉等特点,是因特网上使用非常广泛的一种服务。电子邮件不仅可以传递文字信息,还可以传递图像、声音、动画、视频等多媒体信息。

使用电子邮件业务,首先要拥有一个电子邮箱,每个电子邮箱对应一个唯一可识别的电子邮件地址,类似于普通邮件中的收件人地址。邮件服务器就是根据这些地址,将电子邮件传送到各个用户的电子邮箱中。任何人都可以将电子邮件发送到某个电子邮箱中,只有电子邮箱的拥有者才可以通过正确的用户名和密码登录该电子邮箱查看电子邮件。电子邮件被发送后,首先存放在收件人的电子邮箱中,收件人可以随时通过因特网打开自己的电子邮箱来查看电子邮件。收件人和发件人不需要同时在线。

电子邮件系统采用 C/S(客户机/服务器)工作模式,由邮件服务器端与邮件客户端两部分组成。邮件服务器端包括发送邮件服务器和接收邮件服务器两类。发送邮件服务一般采用 SMTP,当发信方发出一封电子邮件时,SMTP 服务器依照邮件地址送到收信人的接收邮件服务器中;接收邮件服务器为每个电子邮箱用户开辟一块专用的硬盘空间,用于存放对方发来的邮件。当收件人将自己的计算机连接到接收邮件服务器并发出接收指令后,客户端计算机通过邮局协议(POP3)或交互式邮件存取协议(IMAP),下载并读取电子信箱内的邮件。图 4.61 所示为电子邮件收发过程。

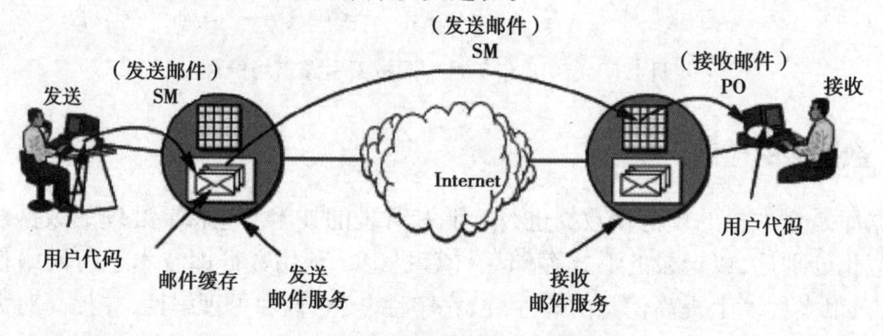

图 4.61 电子邮件收发过程

每个电子邮箱都有一个 E-mail 地址,E-mail 地址格式如下:用户名@邮箱所在主机的域名,其中,符号“@”读作“at”,表示“在”的意思;用户名是用户在向电子邮件服务器注册时获得的用户名,它必须是唯一的。例如,×××@163.com 就是一个用户的 E-mail 地址,它表示“163”邮件服务器上用户为×××的 E-mail 地址。

电子邮件一般在计算机上使用,也可以在手机上使用。在计算机上使用电子邮件有两种方式:使用电子邮件客户端软件和使用浏览器。通常在自己的计算机上才使用电子邮件客户端软件,如 Outlook、Foxmail 等。在网吧或其他情况下,通常通过网页浏览器查看电子邮件。

4.5 拓展训练

4.5.1 专利检索

在科研工作或者其他公司创作或者发明之前,常常需要进行专利的检索查询,了解别人的专利情况,尤其对科研人员非常重要。

首先,我们进入国家知识产权局网站,如图4.62所示。找到专利检索,单击进入网页,将跳转到“免责声明”页面,如图4.63所示。

图4.62 国家知识产权局网站

在免责声明界面选中下方的“同意”单击继续。

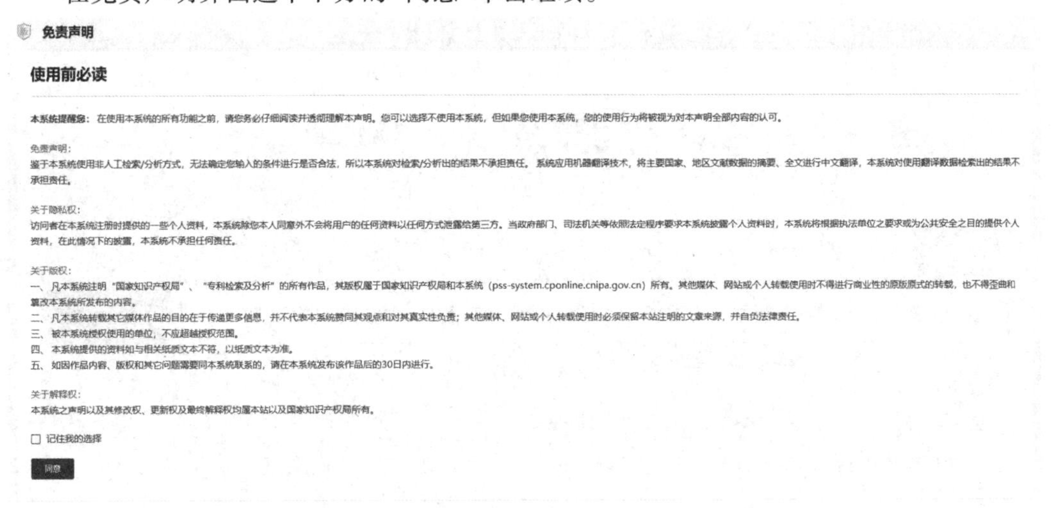

免责声明

使用前必读

本系统提醒您： 在使用本系统的所有功能之前，请您务必仔细阅读并透彻理解本声明。您可以选择不使用本系统，但如果您使用本系统，您的使用行为将被视为对本声明全部内容的认可。

免责声明：
鉴于本系统使用非人工检索/分析方式，无法确定您输入的条件进行是否合法，所以本系统对检索/分析出的结果不承担责任。系统应用机器翻译技术，将主要国家、地区文献数据的摘要、全文进行中文翻译，本系统对使用翻译数据检索出的结果不承担责任。

关于隐私权：
访问者在本系统注册时提供的一些个人资料，本系统除您本人同意外不会将用户的任何资料以任何方式泄露给第三方。当政府部门、司法机关等依照法定程序要求本系统披露个人资料时，本系统将根据执法单位之要求或为公共安全之目的提供个人资料，在此情况下的披露，本系统不承担任何责任。

关于版权：
一、凡本系统注明“国家知识产权局”、“专利检索及分析”的所有作品，其版权属于国家知识产权局和本系统（pss-system.cponline.cnipa.gov.cn）所有。其他媒体、网站或个人转载使用时不得进行商业性的原版原式的转载，也不得歪曲和篡改本系统所发布的内容。
二、凡本系统转载其它媒体作品的目的在于传递更多信息，并不代表本系统赞同其观点和对其真实性负责；其他媒体、网站或个人转载使用时必须保留本站注明的文章来源，并自负法律责任。
三、被本系统授权使用的单位，不应超越授权范围。
四、本系统提供的资料如与相关纸质文本不符，以纸质文本为准。
五、如因作品内容、版权和其它问题需要同本系统联系的，请在本系统发布该作品后的30日内进行。

关于解释权：
本系统之声明以及其修改权、更新权及最终解释权均属本站以及国家知识产权局所有。

☐ 记住我的选择

同意

图4.63 免责声明

进入“专利检索及分析”页面后,系统默认显示“常规检索”页面,如图4.64所示。

必须注册该网站,才能正式使用这个检索系统。在常规检索中,通过输入关键词等进行检索,可以采用“自动识别”方式,也可以根据检索要素、申请号、公开号等方式进行检索,同时可以指定数据范围,如图4.65所示。

在单击“高级检索”按钮之后,系统显示高级检索页面,主要包含3个区域:检索范围、检索项和检索式编辑区,如图4.66所示。

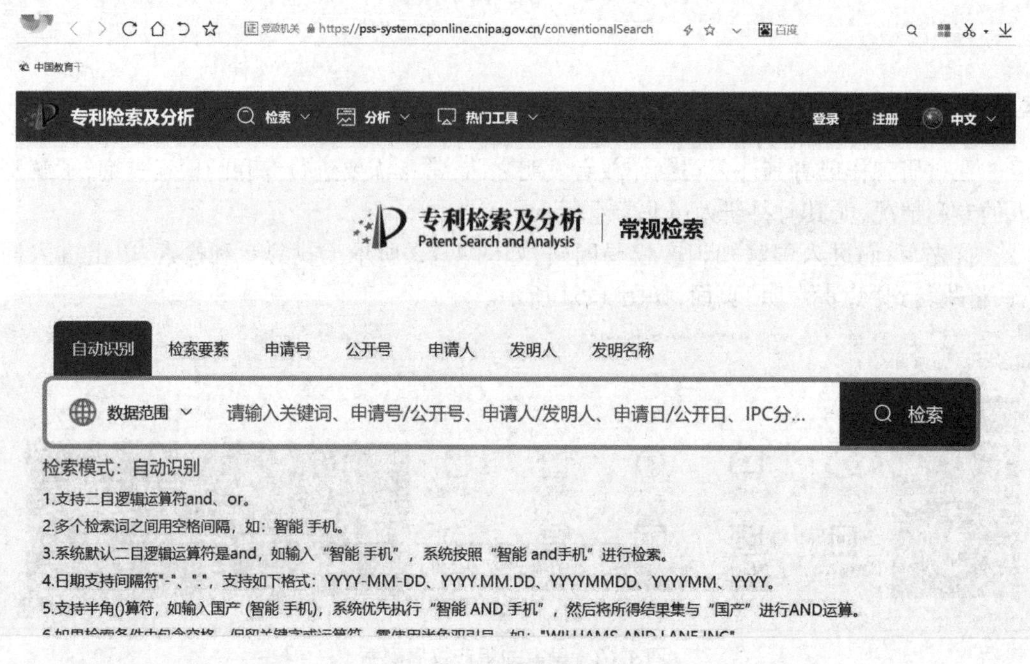

图 4.64　专利检索及分析

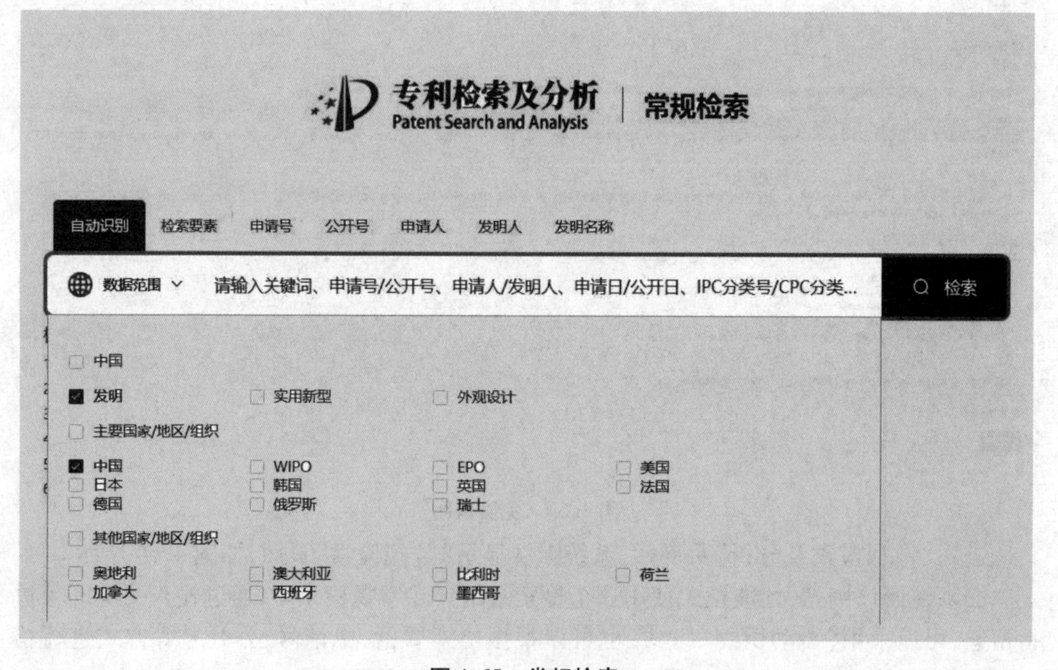

图 4.65　常规检索

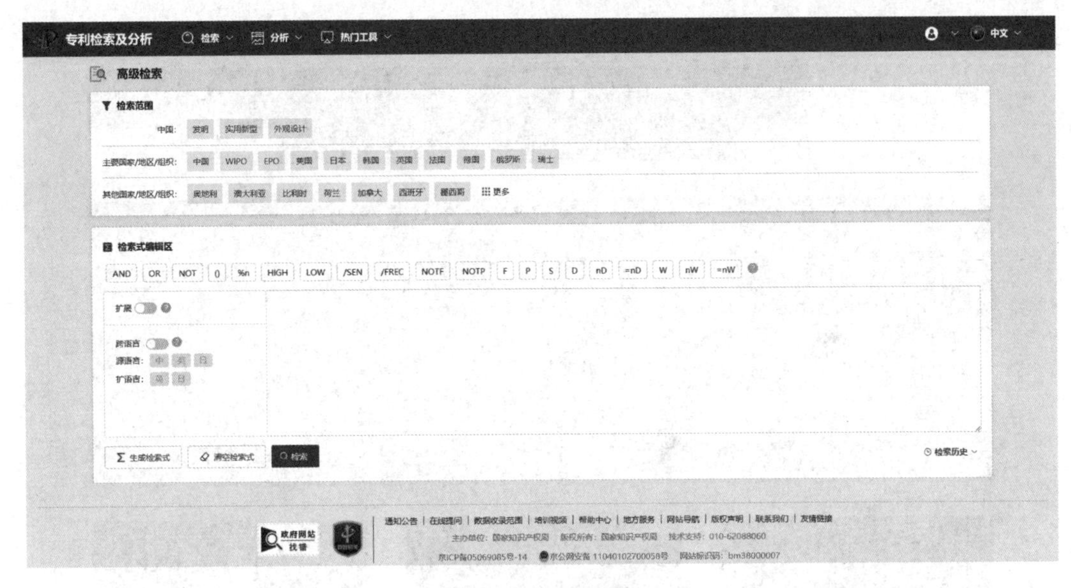

图 4.66　高级检索

4.5.2　认识网站布局结构

网页结构即网页内容的布局，创建网页结构实际上就是对网页内容的布局进行规划。网页结构的创建是页面优化的重要环节之一，会直接影响页面的用户体验及相关性，而且还在一定程度上影响网站的整体结构及页面被收录的数量。每个 Web 站点的资源都有一个起始点，通常称为首页（即站点起始页），首页下面又有二级页面，其结构如图 4.67 所示。

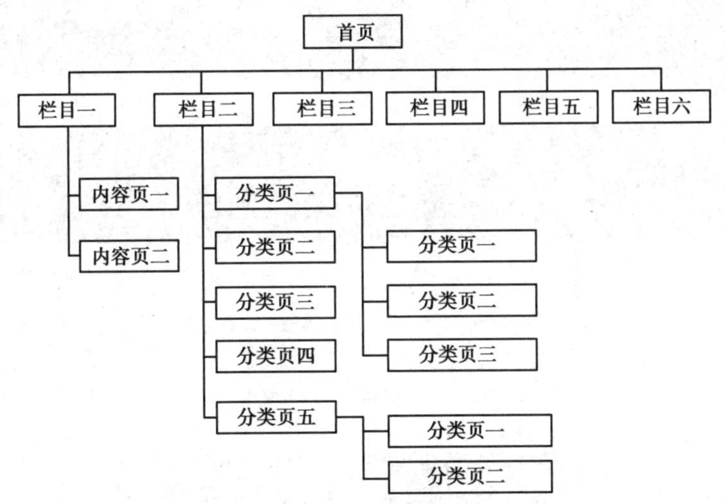

图 4.67　网站结构

从页面结构的角度上看，网页主要由导航栏、栏目及正文内容这三大要素组成。网页结构的创建、网页内容布局的规划实际也是围绕这三大组成要素展开的，如图 4.68、图 4.69 所示。

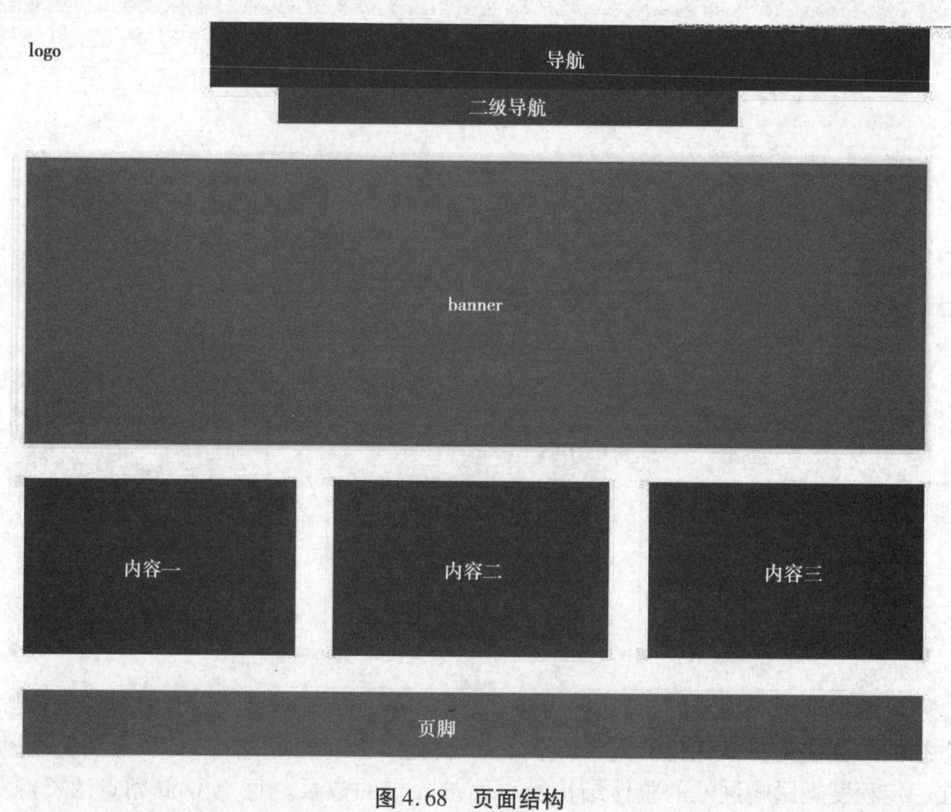

图 4.68　页面结构

图 4.69　页面结构实例

4.6 巩固练习

一、问答题

1. 什么是根域名服务器,全球有多少根域名服务器。

2. 请说明此 URL 各部分的含义:http://www. microsoft. com:23/exploring/exploring. html。

二、实操题

1. 利用中国知网搜索并下载一篇关于智慧校园的论文。

2. 申请并开通自己的电子邮箱。

3. 在国家职业教育智慧教育平台在线学习一节或一门课程。

项目5　保障网络安全

5.1　项目描述

很多用户在使用网络的过程中，都会遇见网络速度变慢甚至网络不通，被黑客攻击、计算机感染病毒等问题，直接影响了正常的使用，你作为网络工程师，该如何帮助用户提高网络的稳定性和安全性，解决常见的网络问题？

5.2　需求分析

计算机网络组建完成后为了保证网络的正常运行，保护计算机不受来自网络的攻击，减少本机感染病毒的可能性，防范非法用户的访问，必须给网络增加一些安全措施，如安装操作系统补丁、安装反病毒软件和防火墙等。另外，在网络的正常运行中，需要不断地对其进行维护，出现问题时使用网络命令等一些网络管理工具解决。

5.3　典型工作环节

5.3.1　设置 Windows 防火墙

下面以 Windows 10 中的防火墙设置为例，其操作步骤如下：

①在 Windows 搜索栏中输入“防火墙”，选择“Windows Defender 防火墙”，即可打开防火墙控制台，如图 5.1 所示。

②单击“Windows Defender 防火墙”窗口左侧的“启用或关闭 Windows Defender 防火墙”选项，弹出“自定义设置”窗口，如图 5.2 所示。针对自己的网络类型，选择“启用 Windows Defender 防火墙”即可开启 Windows 的防火墙。如果需要关闭防火墙，选择“关闭 Windows Defender 防火墙(不推荐)”即可。

③如果想把防火墙恢复到默认设置，可以单击“Windows Defender 防火墙”窗口左侧的“还原默认值”选项。

④如果单击“Windows Defender 防火墙”窗口左侧的“允许应用或功能通过 Windows Defender 防火墙”，可以针对不同的网络设置是否允许某个应用程序通过防火墙，如图 5.3 所示。

⑤若列表中没有某程序，可以单击“允许其他应用”按钮，增加需要的程序运行规则。

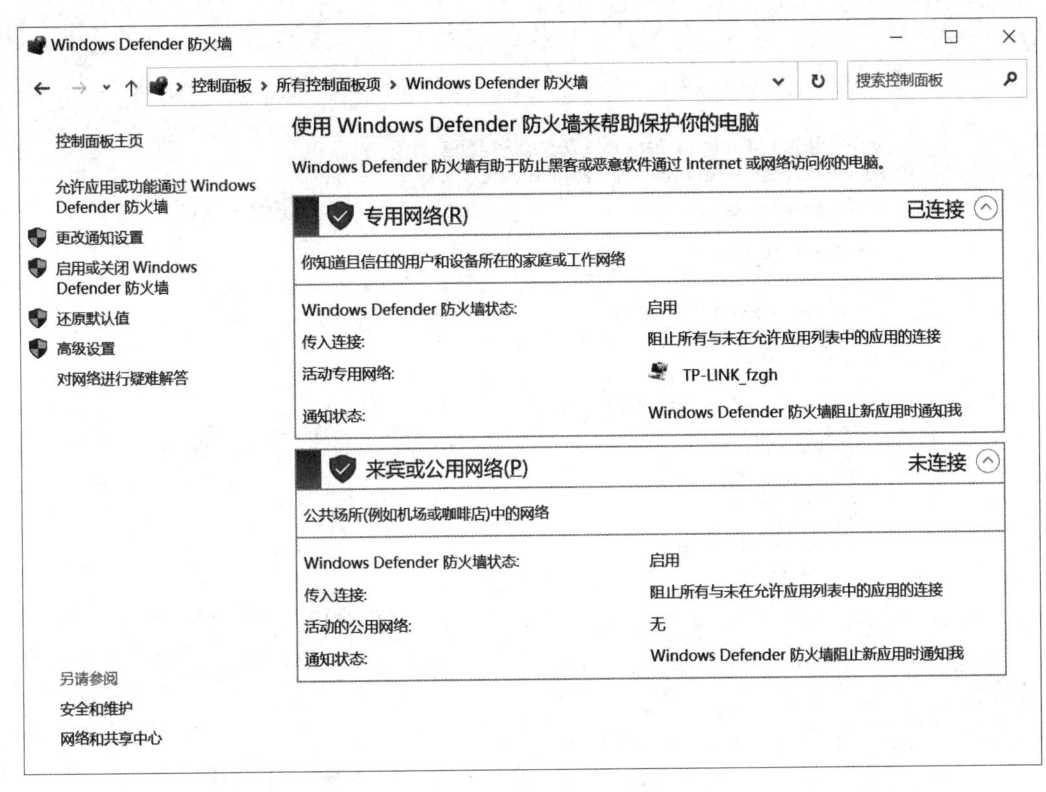

图 5.1　“Windows Defender 防火墙”窗口

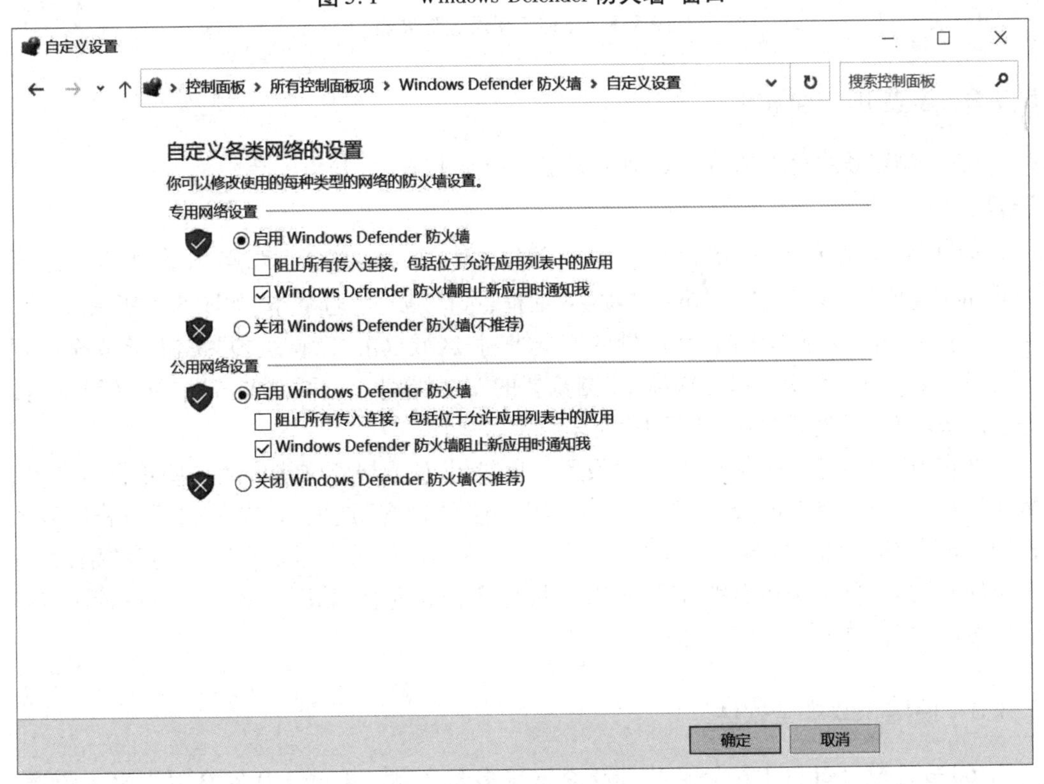

图 5.2　“自定义设置”窗口

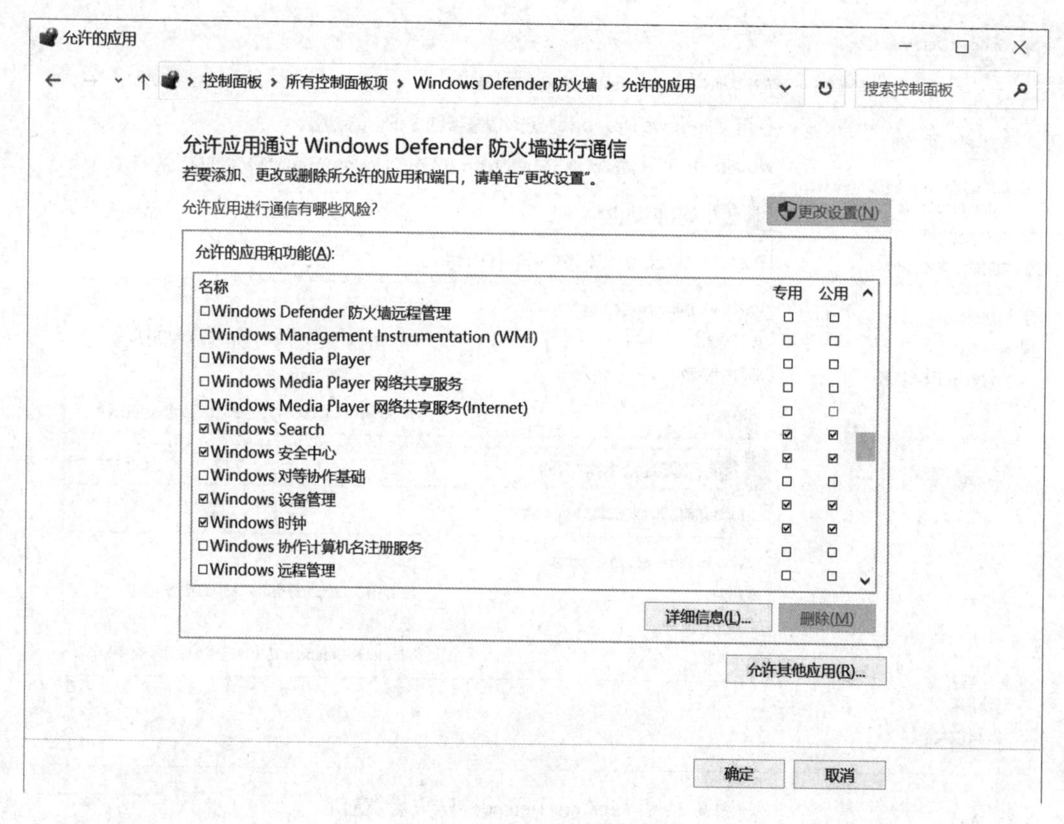

图 5.3　允许应用通过防火墙

5.3.2　设置 IE 安全属性

在 IE 浏览器中可以通过调高浏览器安全等级的方法，避免间谍软件的侵入，设置方法如下：

①打开 IE 浏览器，单击窗口右上角的"工具"按钮(⚙)，在弹出的菜单中选择"Internet 选项"命令弹出"Internet 选项"对话框，选择"安全"选项卡，如图 5.4 所示。

②在"安全"选项卡中的"该区域的安全级别"区域单击"默认级别"按钮，将安全级别改为"高级"，如图 5.5 所示。提高 IE 浏览器的安全级别。也可以单击"自定义级别"按钮，在"安全设置"对话框中，进行 IE 安全设置。

③在 IE 中浏览网页内容时，可以设置信息限制，从而屏蔽网络中的一些不良信息，保障计算机的安全。在"Internet 选项"对话框中，选择"内容"选项卡，在"内容"审查区域单击"启动"按钮，弹出"内容审查程序"对话框，选择"分级"选项卡。在"请选择类别，查看分级级别"列表框中选择类别选项，调节滑块指定查看内容，如图 5.6 所示。设置所有类别的级别之后，单击"确定"按钮完成设置。

5.3.3　使用 360 安全软件

360 安全软件有 360 安全卫士、360 杀毒等多款产品。由于 360 安全卫士永久免费，且使用方便、用户口碑好，目前在 3 亿中国网民中，首选安装 360 安全卫士的已超过 2.5 亿。

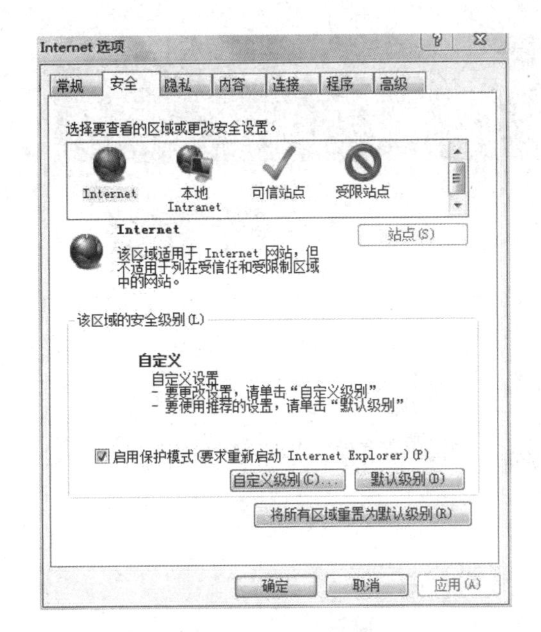

图 5.4 "安全"选项卡

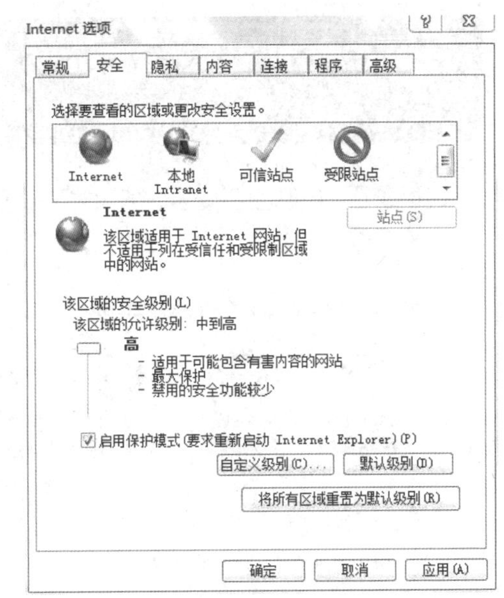

图 5.5 设置安全级别

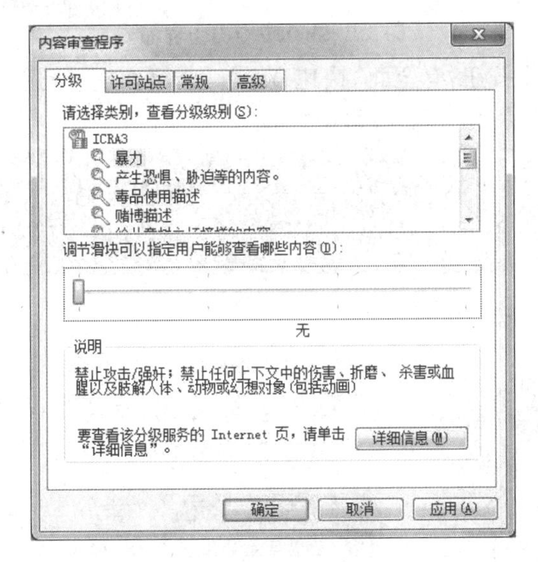

图 5.6 设置内容审查级别

360 安全卫士拥有木马查杀、恶意软件清理、漏洞补丁修复、计算机全面体检等多种功能。目前木马威胁之大已远超病毒,360 安全卫士运用云安全技术,在杀木马、防盗号、保护网银和游戏的账号密码安全、防止计算机变"肉鸡"等方面表现出色,被誉为"防范木马的第一选择"。360 安全卫士自身非常轻巧,同时还具备开机加速、垃圾清理等多种系统优化功能,可大大加快计算机运行速度,内含的 360 软件管家还可帮助用户轻松下载、升级和强力卸载各种应用软件。

①从 360 安全卫士官方网站下载并安装 360 安全卫士,可以采用默认的安装方式。安装完成后运行 360 安全卫士,它将对计算机进行自动"体检",列出计算机存在的问题,如图 5.7 所示。

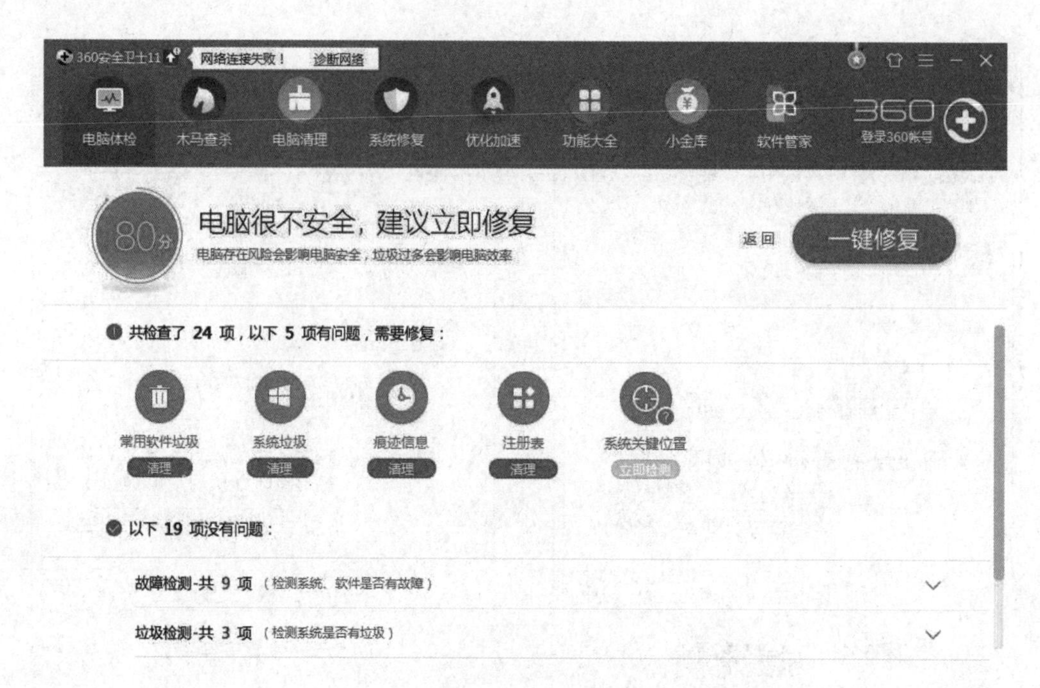

图 5.7　360 安全卫士界面

②单击“木马查杀”按钮，有全面“快速查杀”“全面查杀”等选项，用户可以根据需要选择不同的扫描方式查杀木马，如图 5.8 所示。

图 5.8　木马查杀

③切换到“电脑清理”选项卡，单击“全面扫描”按钮，可以对系统内存在的垃圾、IE 缓存文件、恶评插件及流氓软件等进行清理，如图 5.9 所示。

④切换到“系统修复”选项卡，360 安全卫士将对系统漏洞进行扫描，如有系统漏洞可以通过单击“修复”按钮进行修复，如图 5.10 所示。

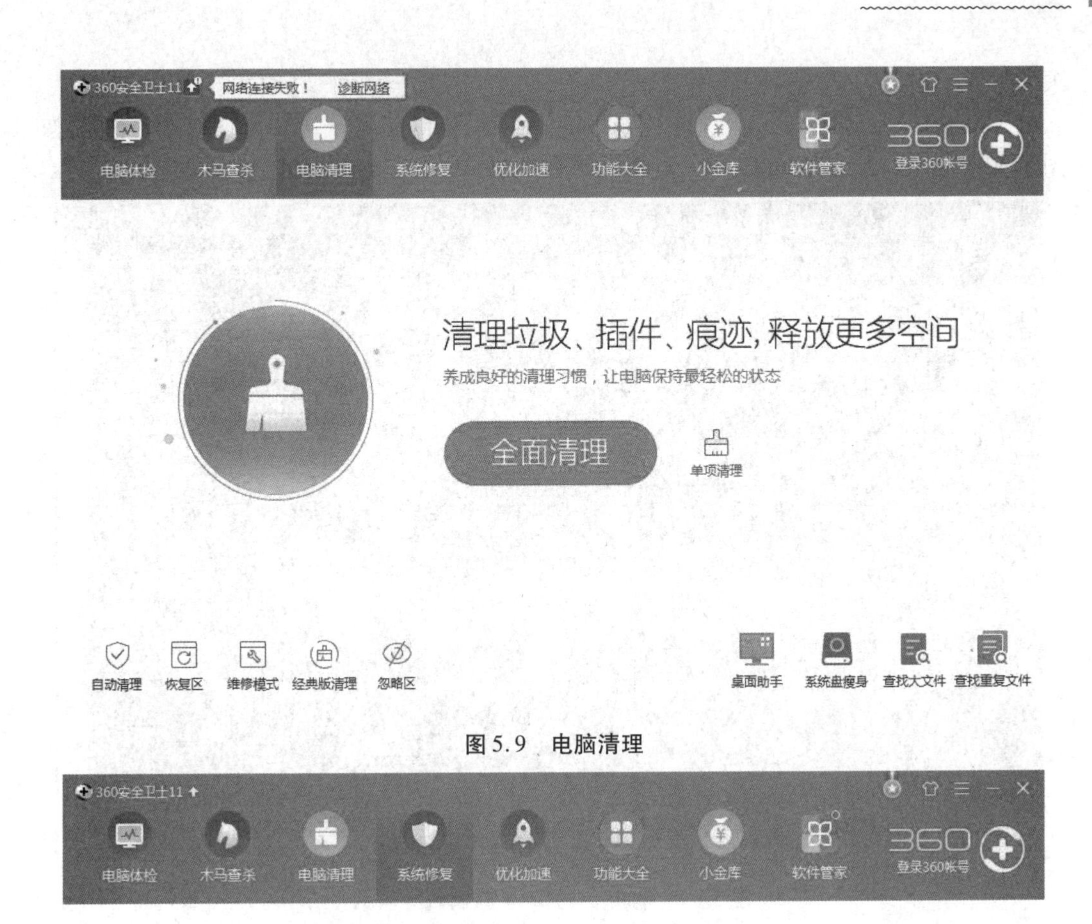

图5.9　电脑清理

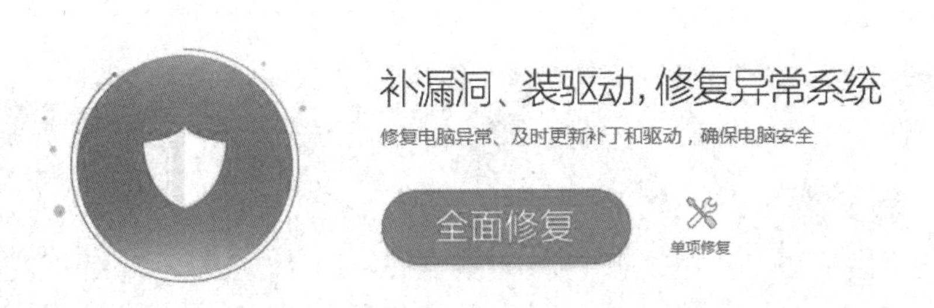

图5.10　修复漏洞

另外360安全卫士还拥有优化加速，软件管理等很多功能，读者可以尝试使用。

5.3.4　使用常见网络管理命令

1) ping 命令使用

ping 用于确定网络的连通性，是最基本、最常用的网络命令。ping 命令的常用参数选项如下：

①ping IP -t：连续对 IP 地址执行 ping 命令，直到被用户以 Ctrl + Break 中断，如图 5.11 所示。

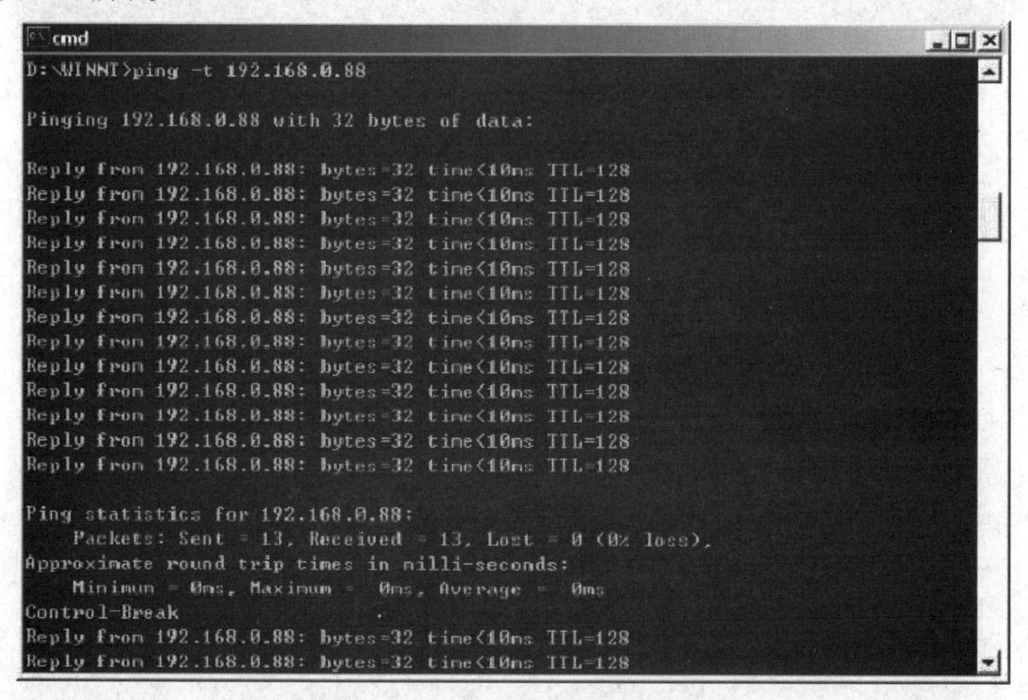

图 5.11　利用 Ctrl+Break 查看统计信息

②ping IP -l 2000：指定 ping 命令中的数据长度为 2 000 字节，而不是缺省的 32 字节，如图 5.12 所示。

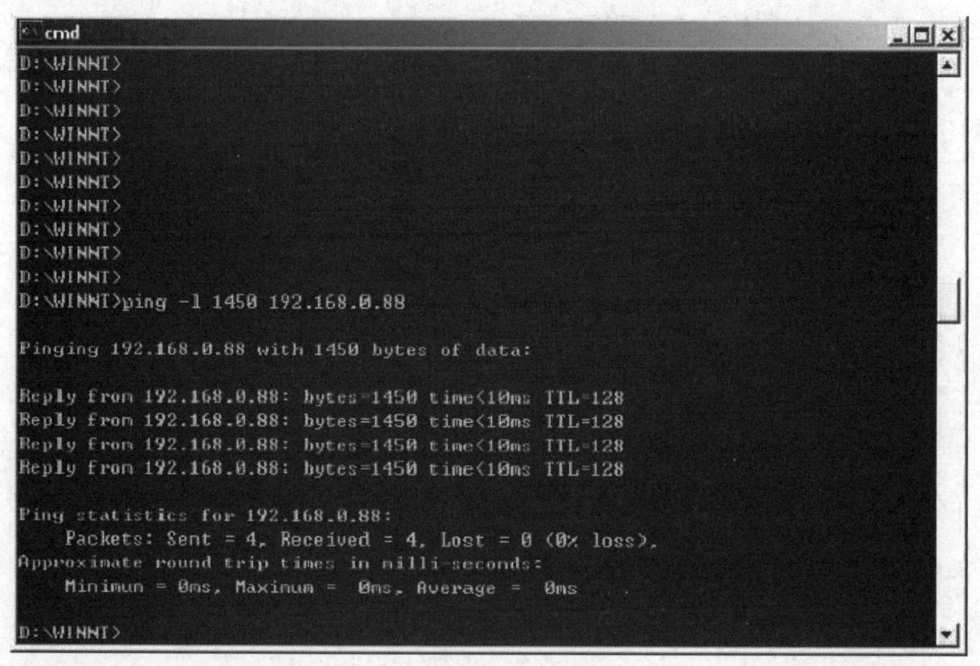

图 5.12　利用“-l”选项指定 ping 探测数据包的长度

③ping IP -n:执行特定次数的 ping 命令,如图 5.13 所示。

```
C:\WINDOWS\system32\cmd.exe

C:\Documents and Settings>ping  192.168.0.1 -n 10

Pinging 192.168.0.1 with 32 bytes of data:

Reply from 192.168.0.1: bytes=32 time=3ms TTL=255
Reply from 192.168.0.1: bytes=32 time=2ms TTL=255
Reply from 192.168.0.1: bytes=32 time=1ms TTL=255
Reply from 192.168.0.1: bytes=32 time=1ms TTL=255
Reply from 192.168.0.1: bytes=32 time=3ms TTL=255
Reply from 192.168.0.1: bytes=32 time=2ms TTL=255
Reply from 192.168.0.1: bytes=32 time=1ms TTL=255
Reply from 192.168.0.1: bytes=32 time=2ms TTL=255
Reply from 192.168.0.1: bytes=32 time=1ms TTL=255
Reply from 192.168.0.1: bytes=32 time=3ms TTL=255

Ping statistics for 192.168.0.1:
    Packets: Sent = 10, Received = 10, Lost = 0 (0% loss),
Approximate round trip times in milli-seconds:
    Minimum = 1ms, Maximum = 3ms, Average = 1ms

C:\Documents and Settings>_
```

图 5.13　利用"-n"选项指定 ping 次数

一般情况下,用户可以通过使用一系列 ping 命令来查找网络故障出在什么地方,或检验网络运行的情况。

2)ipconfig 命令使用

ipconfig 实用程序,可用于显示当前的 TCP/IP 配置的设置值,它在 Windows 95/98 中的等价图形用户界面命令为 WINIPCFG。这些信息一般用来检验人工配置的 TCP/IP 设置是否正确。

如果计算机和所在的局域网使用了动态主机配置协议 DHCP,使用 ipconfig 命令可以了解到你的计算机是否成功地租用到了一个 IP 地址,以及目前分配的子网掩码和缺省网关等网络配置信息。

常用的选项:

①ipconfig:当使用 ipconfig 不带任何参数选项时,显示每个已经配置了的接口的 IP 地址、子网掩码和缺省网关值,如图 5.14 所示。

②ipconfig /all:当使用 all 选项时,ipconfig 能为 DNS 和 WINS 服务器显示它已配置且所有使用的附加信息,并且能够显示内置于本地网卡中的物理地址(MAC)。如果 IP 地址是从 DHCP 服务器租用的,ipconfig 将显示 DHCP 服务器分配的 IP 地址和租用地址预计失效的日期。图 5.15 为运行 ipconfig /all 命令的结果窗口。

③ipconfig /release 和 ipconfig /renew:这是两个附加选项,只能在向 DHCP 服务器租用其 IP 地址的计算机上起作用。如果我们输入 ipconfig /release,那么所有接口的租用 IP 地址便重新交付给 DHCP 服务器(归还 IP 地址)。如果我们输入 ipconfig /renew,那么本地计算机便设法与 DHCP 服务器取得联系,并租用一个 IP 地址,如图 5.16 所示。请注

意，大多数情况下网卡将被重新赋予与以前所赋予的 IP 地址相同的 IP 地址。

```
C:\WINDOWS\system32\cmd.exe
C:\Documents and Settings>ipconfig

Windows IP Configuration


Ethernet adapter 本地连接:

        Media State . . . . . . . . . . . : Media disconnected

Ethernet adapter 无线网络连接:

        Connection-specific DNS Suffix  . :
        IP Address. . . . . . . . . . . . : 192.168.0.101
        Subnet Mask . . . . . . . . . . . : 255.255.255.0
        Default Gateway . . . . . . . . . : 192.168.0.1

C:\Documents and Settings>
```

图 5.14　ipconfig 命令

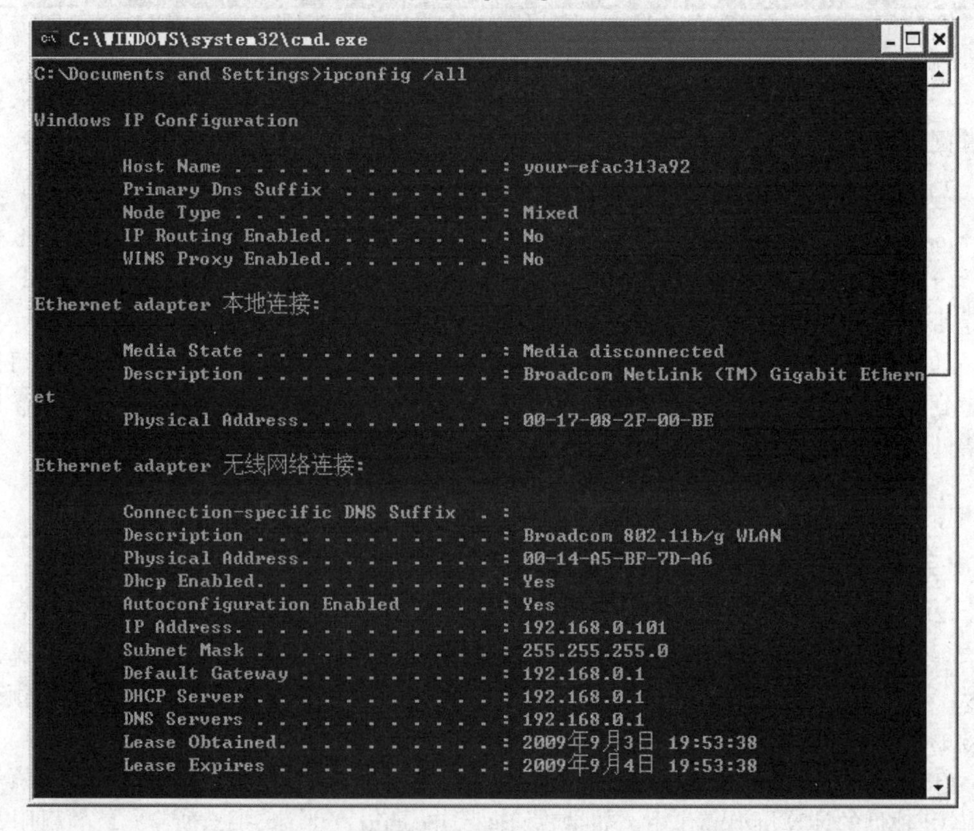

图 5.15　ipconfig /all

```
C:\WINDOWS\system32\cmd.exe
C:\Documents and Settings>ipconfig/release

Windows IP Configuration

No operation can be performed on 本地连接 while it has its media disconnected.

Ethernet adapter 本地连接:

        Media State . . . . . . . . . . . : Media disconnected

Ethernet adapter 无线网络连接:

        Connection-specific DNS Suffix  . :
        IP Address. . . . . . . . . . . . : 0.0.0.0
        Subnet Mask . . . . . . . . . . . : 0.0.0.0
        Default Gateway . . . . . . . . . :

C:\Documents and Settings>ipconfig/renew

Windows IP Configuration

No operation can be performed on 本地连接 while it has its media disconnected.

Ethernet adapter 本地连接:

        Media State . . . . . . . . . . . : Media disconnected

Ethernet adapter 无线网络连接:

        Connection-specific DNS Suffix  . :
        IP Address. . . . . . . . . . . . : 192.168.0.101
        Subnet Mask . . . . . . . . . . . : 255.255.255.0
        Default Gateway . . . . . . . . . : 192.168.0.1
```

图 5.16　ipconfig /release 和 ipconfig /renew

3) nbtstat 命令使用

nbtstat 命令可以查看计算机上网络配置的一些信息。使用这条命令还可以查找出别人计算机上一些私人信息。

如果想查看自己计算机上的网络信息，运行 nbtstat -n，可以得到用户所在的工作组，计算机名以及网卡地址，等等，如图 5.17 所示；想查看网络上其他的计算机情况，就运行 nbtstat-a IP 地址，就会返回得到那台主机上的一些信息。

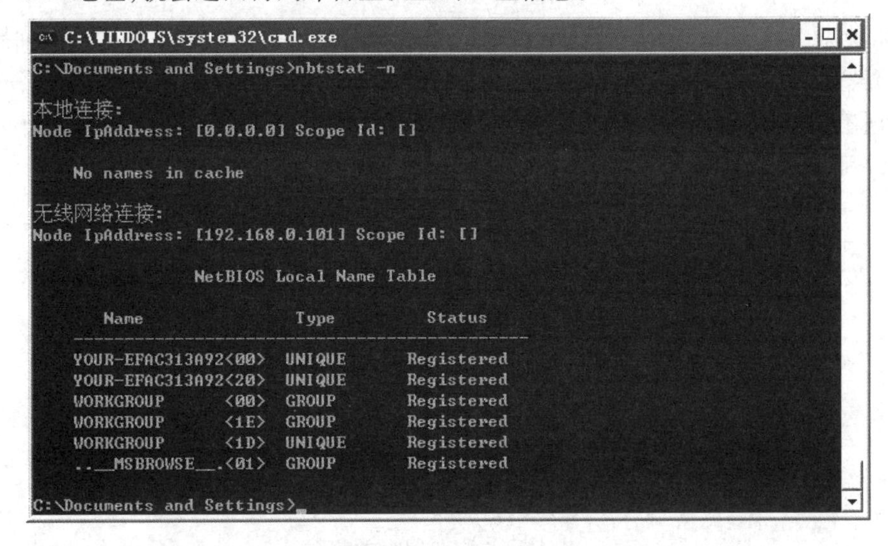

图 5.17　nbtstat -n

4)netstat 命令使用

该命令用于检测计算机与网络之间详细的连接情况,可以得到以太网的统计信息并显示所有协议(TCP 协议、UDP 协议以及 IP 协议等)的使用状态;还可以选择特定的协议并查看其具体使用信息,包括显示所有主机的端口号以及当前主机的详细路由信息。下面给出 netstat 的一些常用选项。

①netstat -s。-s 选项能够按照各个协议分别显示其统计数据。这样就可以看到当前计算机在网络上存在哪些连接,以及数据包发送和接收的详细情况,等等。如果应用程序(如 Web 浏览器)运行速度比较慢,或者不能显示 Web 页之类的数据,那么可以用本选项来查看一下所显示的信息。仔细查看统计数据的各行,找到出错的关键字,进而确定问题所在。如图 5.18 所示为运行 netstat-s 时的屏幕显示。

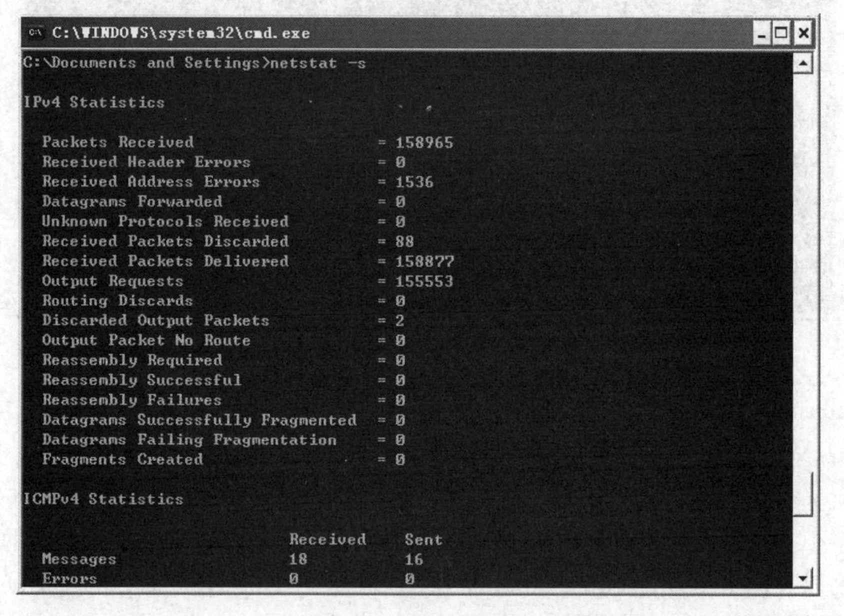

图 5.18 Netstat -s

②netstat -e。-e 选项用于显示关于以太网的统计数据,如图 5.19 所示。它列出的项目包括传送的数据包的总字节数、错误数、删除数、数据包的数量和广播的数量。这些统计数据既有发送的数据包数量,也有接收的数据包数量。使用这个选项可以统计一些基本的网络流量。

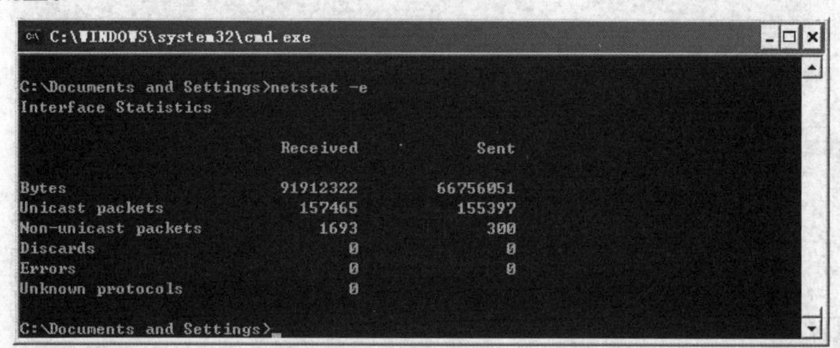

图 5.19 netstat -e

③netstat -r。-r 选项可以显示关于路由表的信息,如图 5.20 所示。除显示有效路由外,还显示当前有效的连接。

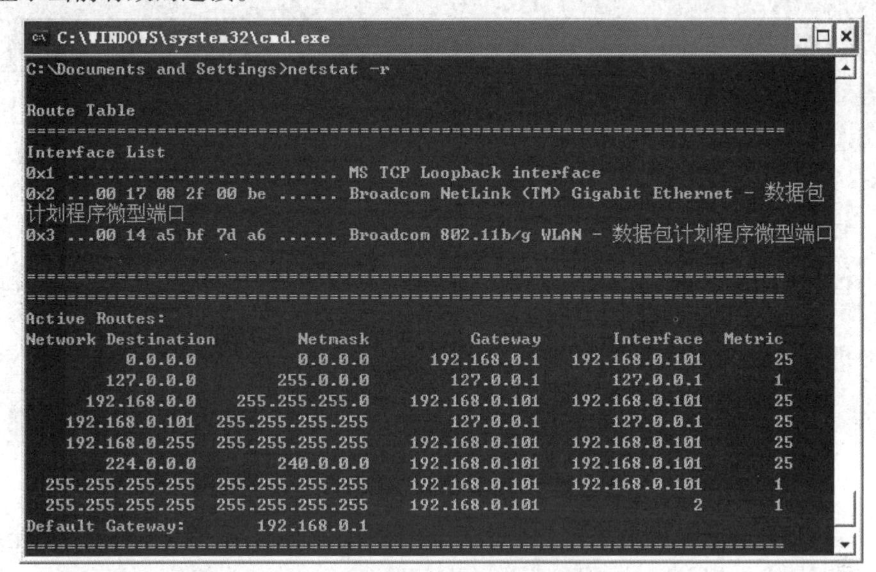

图 5.20　netstat -r

④netstat -a。-a 选项显示一个所有的有效连接信息列表,包括已建立的连接(ESTABLISHED),也包括监听连接请求(LISTENING)的那些连接,如图 5.21 所示。

```
C:\WINDOWS\system32\cmd.exe
C:\Documents and Settings>netstat -a

Active Connections

  Proto  Local Address            Foreign Address        State
  TCP    your-efac313a92:echo     your-efac313a92:0      LISTENING
  TCP    your-efac313a92:discard  your-efac313a92:0      LISTENING
  TCP    your-efac313a92:daytime  your-efac313a92:0      LISTENING
  TCP    your-efac313a92:qotd     your-efac313a92:0      LISTENING
  TCP    your-efac313a92:chargen  your-efac313a92:0      LISTENING
  TCP    your-efac313a92:epmap    your-efac313a92:0      LISTENING
  TCP    your-efac313a92:microsoft-ds  your-efac313a92:0      LISTENING
  TCP    your-efac313a92:1110     your-efac313a92:0      LISTENING
  TCP    your-efac313a92:2383     your-efac313a92:0      LISTENING
  TCP    your-efac313a92:9000     your-efac313a92:0      LISTENING
  TCP    your-efac313a92:10805    your-efac313a92:0      LISTENING
  TCP    your-efac313a92:10823    your-efac313a92:0      LISTENING
  TCP    your-efac313a92:1044     your-efac313a92:0      LISTENING
  TCP    your-efac313a92:ms-sql-m  your-efac313a92:0      LISTENING
  TCP    your-efac313a92:2187     localhost:1110         CLOSE_WAIT
  TCP    your-efac313a92:2234     localhost:10800        CLOSE_WAIT
  TCP    your-efac313a92:2236     localhost:10801        CLOSE_WAIT
  TCP    your-efac313a92:2242     localhost:10803        CLOSE_WAIT
  TCP    your-efac313a92:2245     localhost:10804        CLOSE_WAIT
```

图 5.21　netstat -a

⑤netstat-n。显示所有已建立的有效连接,如图 5.22 所示。

5) tracert 命令使用

该命令主要用来显示数据包到达目的主机所经过的路径,通过执行一个 tracert 到对方主机的命令之后,结果返回数据包到达目的主机前所经历的路径详细信息,并显示到达每个路径所消耗的时间。

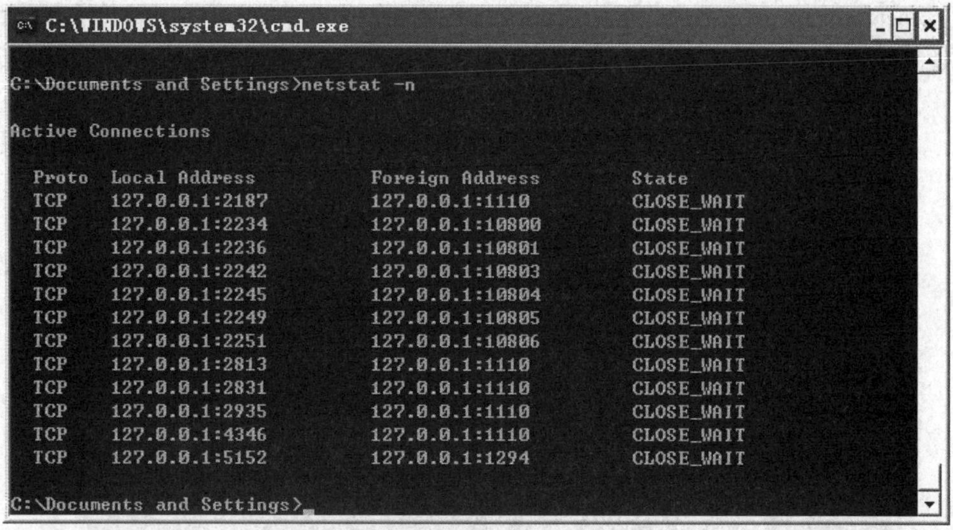

```
C:\WINDOWS\system32\cmd.exe

C:\Documents and Settings>netstat -n

Active Connections

  Proto  Local Address          Foreign Address        State
  TCP    127.0.0.1:2187         127.0.0.1:1110         CLOSE_WAIT
  TCP    127.0.0.1:2234         127.0.0.1:10800        CLOSE_WAIT
  TCP    127.0.0.1:2236         127.0.0.1:10801        CLOSE_WAIT
  TCP    127.0.0.1:2242         127.0.0.1:10803        CLOSE_WAIT
  TCP    127.0.0.1:2245         127.0.0.1:10804        CLOSE_WAIT
  TCP    127.0.0.1:2249         127.0.0.1:10805        CLOSE_WAIT
  TCP    127.0.0.1:2251         127.0.0.1:10806        CLOSE_WAIT
  TCP    127.0.0.1:2813         127.0.0.1:1110         CLOSE_WAIT
  TCP    127.0.0.1:2831         127.0.0.1:1110         CLOSE_WAIT
  TCP    127.0.0.1:2935         127.0.0.1:1110         CLOSE_WAIT
  TCP    127.0.0.1:4346         127.0.0.1:1110         CLOSE_WAIT
  TCP    127.0.0.1:5152         127.0.0.1:1294         CLOSE_WAIT

C:\Documents and Settings>_
```

图 5.22　netstat -n

这个命令同 ping 命令类似,但它所看到的信息要比 ping 命令详细得多,它能反馈显示送出的到某一站点的请求数据包所走的全部路由,以及通过该路由的 IP 地址,通过该 IP 的时间等。

路由分析诊断程序 tracert 通过向目的地发送具有不同生存时间的 ICMP 回应报文,以确定至目的地的路由。也就是说,tracert 命令可以用来跟踪一个报文从一台计算机到另一台计算机所走的路径。命令格式如下:

tracert [-d] [-h maximum_hops] [-j host-list] [-w timeout] target_name

参数说明如下:

-d:不进行主机名称的解析。

-h maximum_hops:最大的到达目标的跃点数。

-j host-list:根据主机列表释放源路由。

-w timeout:设置每次回复所等待的毫秒数。

tracert 命令可以用来查看网络在链接站点时经过的步骤或采取的路线,如果是网络出现故障,就可以通过这条命令来查看问题出在哪里。例如可以运行 tracert www. sohu. com,就将看到网络在经过几个连接之后所到达的目的地,也就知道网络连接所经历的过程。图 5.23 给出了 tracert 命令的一个实例。

最左边的数字称为"hops"(跳数),是该路由经过的计算机数目和顺序。"2 ms　1 ms　1 ms"是向经过的第一个计算机发送报文往返的时间,单位为 ms。由于每个报文每次往返的时间不同样,tracert 将显示三次往返时间。如果往返时间以" * "显示,而且不断出现"Request timed out"的提示信息,则表示往返时间太长,此时可按下 Ctrl+C 键离开。要是看到 4 次"Request timed out"信息,则极有可能遇到拒绝 tracert 询问的路由器。在时间信息之后,是计算机的名称信息,是便于人们阅读的域名格式,也有 IP 地址格式。它可以让用户知道自己的计算机与目的计算机在网络上距离有多远,要经过几步才能到达。

tracert 最多会显示 30 段"hops",上面会同时指出每次停留的响应时间,以及网站名称和沿路停留的 IP 地址。一般来说,连接上网速度是由连接到主机服务器的整个路径上

所有相应事物的反应时间总和来决定的,这就是为什么一个经过5段跳接的路由器hops,如果需要1 s来响应的话,会比经过9段跳接但只需要200 ms响应的路由器hops性能要差。通过tracert所提供的资料,可以精确指出到底连接哪一个服务器比较划算。但是,tracert是一个运行得比较慢的命令(如果用户指定的目标地址比较远),每个路由器用户大约需要给它15 s来发送报文和接收报文。

```
C:\WINDOWS\system32\cmd.exe

C:\Documents and Settings>tracert www.sohu.com

Tracing route to pgcnctct07.a.sohu.com [61.135.179.155]
over a maximum of 30 hops:

  1     2 ms     1 ms     1 ms  192.168.0.1
  2     3 ms     2 ms     2 ms  10.10.36.254
  3     2 ms     2 ms     3 ms  172.16.0.65
  4     2 ms     2 ms     2 ms  172.16.0.17
  5     4 ms     3 ms     2 ms  172.16.0.1
  6     3 ms     4 ms     3 ms  10.90.159.1
  7     5 ms     4 ms     6 ms  211.153.6.41
  8     6 ms     5 ms     4 ms  211.153.4.50
  9     5 ms     5 ms     5 ms  61.148.82.89
 10     6 ms     5 ms     5 ms  61.148.156.21
 11    39 ms    31 ms    32 ms  61.148.152.5
 12    36 ms    32 ms    32 ms  bt-227-018.bta.net.cn [202.106.227.18]
 13    34 ms    36 ms    34 ms  202.106.48.66
 14    31 ms    31 ms    30 ms  61.135.179.155

Trace complete.

C:\Documents and Settings>
```

图5.23　tracert命令的运用

6)arp命令使用

arp(地址解析协议)是TCP/IP协议族中的一个重要协议,用于把IP地址映射成对应网卡的物理地址。使用arp命令,能够查看本地计算机或另一台计算机的ARP高速缓存中的当前内容。

使用arp命令可以人工方式设置静态的网卡物理/IP地址对,使用这种方式可以为缺省网关和本地服务器等常用主机进行本地静态配置,这有助于减少网络上的信息量。

按照缺省设置,ARP高速缓存中的项目是动态的,每当发送一个指定地点的数据包并且此时高速缓存中不存在当前项目时,ARP便会自动添加该项目。

常用命令选项:

①arp-a。用于查看高速缓存中的所有项目,如图5.24所示。

②arp -s IP物理地址。向ARP高速缓存中人工输入一个静态项目。该项在计算机引导过程中将保持有效状态,或者在出现错误时,人工配置的物理地址将自动更新该项目,如图5.25所示。

③arp -d IP。使用本命令能够人工删除一个静态项目,如图5.26所示。

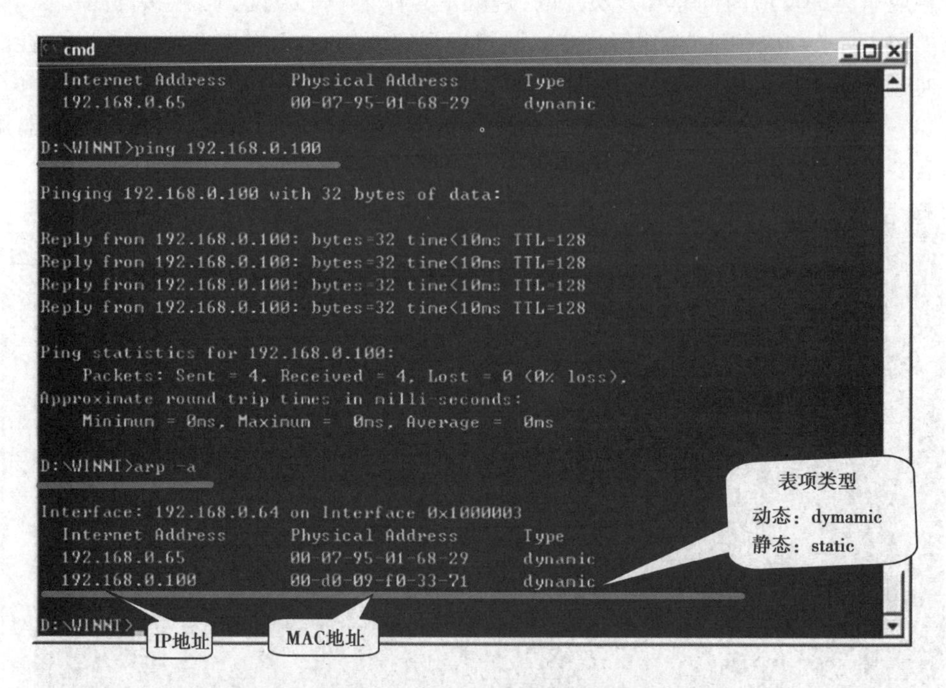

图 5.24　arp -a 命令的使用

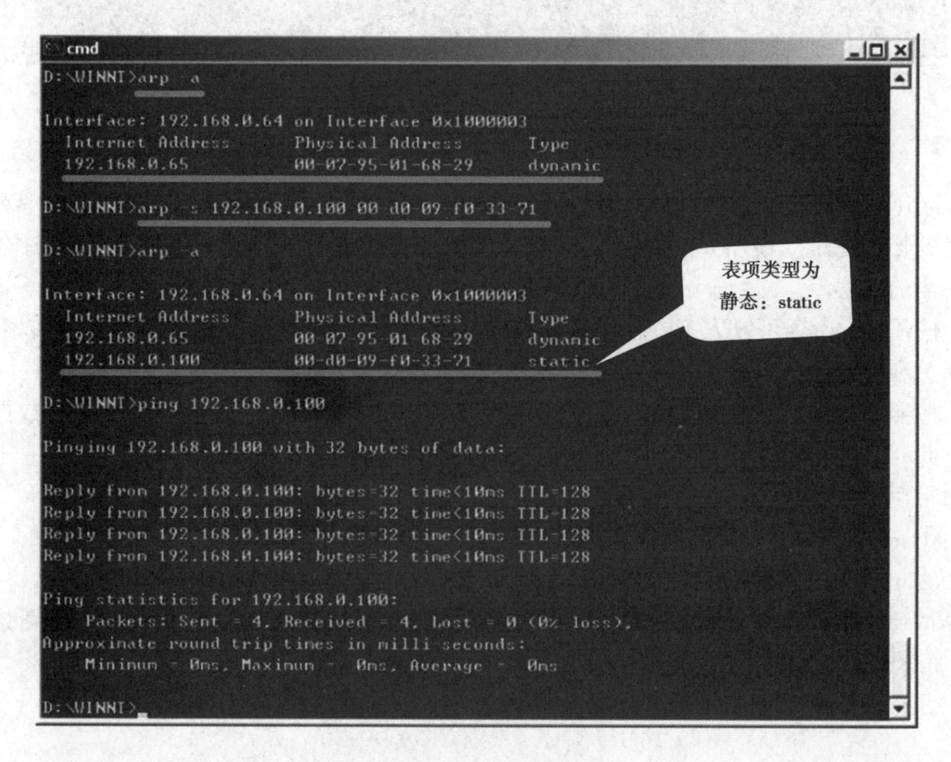

图 5.25　arp -s 命令的使用

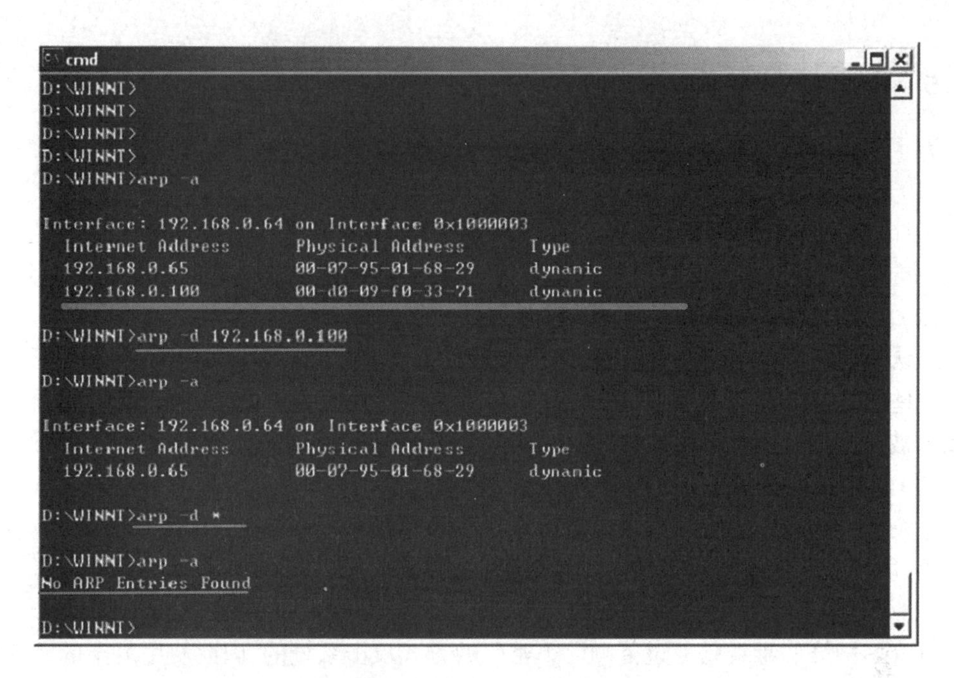

图 5.26 arp -d 命令的使用

7) net 命令使用

net 命令是功能强大的以命令行方式执行的工具。它包含了管理网络环境、服务、用户、登录等 Windows 98/NT/2000 中大部分重要的管理功能。使用它可以轻松地管理本地或者远程计算机的网络环境,以及各种服务程序的运行和配置,或者进行用户管理和登录管理等。Net 命令参数较多,较为复杂,感兴趣的读者可以查阅相关资料。

在此只列举几个命令及其功能。

①net accounts。将用户账户数据库升级并修改所有账户的密码和登录请求。

②net computer。从域数据库中添加或删除计算机,所有计算机的添加和删除都会转发到主域控制器。

③net config。显示当前运行的可配置服务,或显示并更改某项服务的设置。更改立即生效并且是永久的。

④net print。功能:显示或控制打印作业及打印队列。

⑤net send。向网络的其他用户、计算机或通信名发送消息。要接收消息必须运行信使服务。

⑥net start。启动服务,或显示已启动服务的列表。如果服务名是两个或两个以上的词,如 Net Logon 或 Computer Browser,则必须用引号引住。

⑦net time。使计算机的时钟与另一台计算机或域的时间同步。不带/set 参数使用时,将显示另一台计算机或域的时间。

⑧net use。连接计算机或断开计算机与共享资源的连接,或显示计算机的连接信息。该命令也控制永久网络连接。

⑨net user。添加或更改用户账号或显示用户账号信息。

⑩net view。显示域列表、计算机列表或指定计算机的共享资源列表。

5.3.5 建立良好的网络安全习惯

为了防止网络诈骗,提高系统的安全性,可以从以下几个方面考虑:

(1)形成良好的安全意识

例如:对一些来历不明的邮件及附件不要打开,不要上一些不太了解的网站,不要执行从 Internet 下载后未经杀毒处理的软件等,这些必要的习惯会使您的计算机更安全。

(2)关闭或删除系统中不需要的服务

默认情况下,许多操作系统会安装一些辅助服务,如 FTP 客户端、Telnet 和 Web 服务器。这些服务为攻击者提供了方便,而又对用户没有太大的用处,如果删除它们,就能大大减少被攻击的可能性。

(3)经常升级安全补丁

据统计,有 80% 的网络病毒是通过系统安全漏洞进行传播的,像蠕虫王、冲击波、震荡波等,所以需要定期下载最新的安全补丁,以防患于未然。

(4)使用复杂的密码

有许多网络病毒就是通过猜测简单密码的方式攻击系统的,因此使用复杂的密码,将会大大提高计算机的安全系数。

(5)迅速隔离受感染的计算机

当你的计算机发现病毒或异常时应立刻断网,以防止计算机受到更多的感染,或者成为传播源,再次感染其他计算机。

(6)了解一些病毒知识

了解一些病毒知识就可以及时发现新病毒并采取相应措施,在关键时刻使自己的计算机免受病毒破坏。如果能了解一些注册表知识,就可以定期看一看注册表的自启动项是否有可疑键值;如果了解一些内存知识,就可以经常看看内存中是否有可疑程序。

(7)安装专业的杀毒软件进行全面监控

在病毒日益增多的今天,使用杀毒软件进行防毒,是越来越经济的选择。不过用户在安装了反病毒软件之后,应该经常进行升级、将一些主要监控经常打开(如邮件监控)、内存监控等、遇到问题要上报,这样才能真正保障计算机的安全。

(8)安装个人防火墙软件进行防黑

由于网络的发展,用户计算机面临的黑客攻击问题也越来越严重,许多网络病毒都采用了黑客的方法来攻击用户计算机。因此,用户还应该安装个人防火墙软件,将安全级别设为中、高级,这样才能有效地防止网络上的黑客攻击。

5.3.6 处理常见网络故障

网络故障虽然多种多样,但无论是什么类型的故障,我们都可以从软硬件角度考虑,使用 ping 命令等网络工具,逐步排查故障原因,可以参考下面一些步骤。

1)计算机间不能相互通信故障处理

(1)硬件故障

硬件故障主要有网卡自身故障、网卡未正确安装、网卡故障、集线器故障等。

首先检查计算机 I/O 插槽上的网卡侧面的指示灯是否正常，网卡一般有两个指示灯"连接指示灯"和"信号传输指示灯"，正常情况下"连接指示灯"应一直亮着，而"信号传输指示灯"在信号传输时应不停闪烁。如"连接指示灯"不亮，应考虑连接故障，即网卡自身是否正常，安装是否正确，网线、集线器、交换机等是否有故障。

①RJ45 接头的问题。RJ45 接头容易出故障，例如，双绞线的头没顶到 RJ45 接头顶端，绞线未按照标准脚位压入接头，甚至接头规格不符或者是内部的绞线断了。

镀金层厚度对接头品质的影响也是相当可观的，例如镀得太薄，那么网线经过三五次插拔之后，也许就把它磨掉了，接着被氧化，当然也容易发生断线。

②接线故障或接触不良。一般可观察下列几个地方：双绞线颜色和 RJ-45 接头的脚位是否相符；线头是否顶到 RJ-45 接头的顶端，若没有，该线的接触会较差，需再重新按压一次；观察 RJ-45 侧面，金属片是否已刺入绞线之中？若没有，极可能造成线路不通；观察双绞线外皮去掉的地方，是否使用剥线工具时切断了绞线（绞线内铜导线已断，但皮未断）。

如果还不能发现问题，那么我们可用替换法排除网线和集线器故障，即用通信正常的计算机的网线来连接故障机，如能正常通信，显然是网线或集线器的故障，再转换集线器端口来区分到底是网线还是集线器的故障，许多时候集线器的指示灯也能提示是否是集线器故障，正常对应端口的灯应亮着。

（2）软件故障

如果网卡的"信号传输指示灯"一直不亮，这一般是由网络的软件故障引起的。

①检查网卡设置。普通网卡的驱动程序磁盘大多附有测试和设置网卡参数的程序。分别查验网卡设置的接头类型、IRQ、I/O 端口地址等参数，若有冲突. 只要重新设置（有些必须调整跳线），一般都能使网络恢复正常。

另外检查一下网卡驱动程序是否正常安装。不同网卡使用的驱动程序亦不尽相同，假如你选错了，就有可能发生不兼容的现象。修复的方法亦不难，只要找到正确的驱动程序重新安装即可。

最后简单检验一下网卡设置故障是否排除。打开"控制面板—系统—设备管理器"，选中安装的网络适配器，单击"属性"按钮，在"常规"文件夹中，可以查看网卡是否在正常工作。

②检查网络协议。打开"控制面板—网络—配置"选项，查看已安装的网络协议，必须配置以下各项：NetBEUI 协议和 TCP/IP 协议，Microsoft 友好登录，拨号网络适配器。如果以上各项都存在，重点检查 TCP/IP 是否设置正确。在 TCP/IP 属性中要确保每一台计算机都有唯一的 IP 地址，将子网掩码统一设置为 255.255.255.0，网关要设为代理服务器的 IP 地址（如 192.168.0.1）。另外必须注意主机名在局域网内也应该是唯一的。最后，我们用 ping 命令来检验一下网卡能否正常工作。

2）不能上网故障处理

出现这种故障的原因比较多，可能是硬件问题，也可能是 IP 设置、网关、DNS 服务器代理服务器等问题。

①首先确定网络连接正常，网络设备都在运行状态。

②ping 127.0.0.1。这个 IP 是微软保留给每台机器本机的回传地址，可以不需要连接网线。当遇到一些无法直接找到故障原因的特殊网络故障时，首先需要使用 ping 命令测试一下本地工作站的循环地址 127.0.0.1 能否被正常 ping 通，倘若该地址无法被正常 ping 通的话，那么说明本地工作站的 TCP/IP 协议程序受到了破坏，或者网卡设备发生了损坏。

此时，不妨打开本地工作站系统的设备管理器窗口，从中找到网卡设备选项，并用鼠标右键单击该选项，从弹出的快捷菜单中执行"属性"命令，打开网卡设备的属性设置窗口，在该窗口的"常规"标签页面中我们就能看到当前的网卡工作状态是否正常了。

当发现网卡工作状态正常的话，很有可能是本地工作站的 TCP/IP 协议程序受到了破坏，此时不妨打开本地连接属性设置窗口，选中并删除该设置窗口中的 TCP/IP 协议选项，之后再重新安装一下 TCP/IP 协议程序，这样，本地工作站的循环地址 127.0.0.1 就能被正常 ping 通了。

③ping 本机 IP。在确认 127.0.0.1 地址能够被 ping 通的情况下，继续使用 ping 命令测试一下本地工作站的静态 IP 地址是否能被正常 ping 通，倘若该地址不能被正常 ping 通，那么说明本地工作站的网卡参数没有设置正确，或者网卡驱动程序不正确，也有可能是本地的路由表受到了破坏。

此时可以重新检查一下本地工作站的网络参数是否设置正确，如果网络参数设置正确仍然无法 ping 通本地 IP 地址，最好重新安装一下网卡设备的原装驱动程序，这样就能正常 ping 通本地工作站的静态 IP 地址了。一旦本地工作站的静态 IP 地址被顺利 ping 通，就表明本地工作站已经能够加入局域网网络了。

④ping 局域网内其他 IP。这个命令将数据报通过网卡和网络电缆传给其他计算机，再返回。收到回送应答表明本地网络中的网卡和载体运行正确。但如果收到 0 个回送应答，那么表示子网掩码不正确或网卡配置错误或电缆系统有问题。

⑤接着 ping 网关 IP。由于本地工作站是通过网关与局域网中的其他工作站进行相互通信的，只有本地工作站与默认网关之间连接正常，才能确保本地工作站与其他工作站通信正常。倘若网关地址能被正常 ping 通，那就表明本地工作站可以与局域网中的其他工作站进行正常通信。

要是 ping 命令操作不成功，就可能是网关设备自身存在问题，或者是本地工作站与网关之间的线路连接不正常，也有可能是本地工作站与网关没有设置成同一个子网。此时，可以先用专业的线缆测试工具测试一下网络线缆的连通性，在线缆连通性正常的情况下，再检查本地工作站的网络参数是否与网关的参数设置成同一个子网。

倘若网络参数设置正确，我们再从其他工作站 ping 一下网关地址，以便确认网关自身是否存在问题。如果局域网中的其他工作站也无法 ping 通网关，那多半是网关设备自身存在问题，这个时候只要将故障排查重点锁定在网关设备上就可以了。

⑥对任意一台远程工作站的 IP 地址进行 ping 测试，以便检验本地工作站能否通过网关设备与局域网中的其他工作站进行通信。要是发现远程工作站的 IP 地址无法 Ping 通，那很有可能是远程工作站自身无法响应，或者是远程工作站与网关设备之间的线路连接出现了问题，此时可以将网络故障的排查重点聚焦到远程工作站或者局域网的网络设备上。

⑦对远程工作站主机名称进行 ping 测试(如 ping www. sohu. com)。在确认能够 ping 通远程工作站 IP 地址的情况下,仍然出现无法访问远程工作站的内容时,用户就有必要进行该项操作。如果该主机名称无法被 ping 成功,可能是 DNS 解析出现了问题,而不是网络连接发生了故障,此时不妨把故障检查重点锁定在 DNS 服务器上。

还有一种可能,是本地 DNS 缓存出现了问题。为了提高网站访问速度,系统会自动将已经访问过并获取 IP 地址的网站存入本地的 DNS 缓存里,一旦再对这个网站进行访问,则不再通过 DNS 服务器而直接从本地 DNS 缓存取出该网站的 IP 地址进行访问。所以,如果本地 DNS 缓存出现了问题,会导致网站无法访问。可以在“运行”中执行 ipconfig/flushdns 来重建本地 DNS 缓存。

⑧如果使用 ping 命令成功访问服务器主机名称,QQ 可以上,而 IE 等浏览器无法访问网页。首先查看网络防火墙设置是否得当,如无问题,可能是浏览器本身出现故障或者被恶意修改破坏,这也会导致无法浏览网页,这时可以尝试浏览器修复或重装。

3)上网速度慢

(1)用户计算机使用不正常

计算机速度慢或开机后越来越慢,鼠标长时间无反应或极慢,上网后计算机无故重启。这可能是计算机感染病毒或系统有问题,建议用杀毒软件杀毒,杀毒后系统还不正常,需请专业人员维修。

(2)网站测速

可登录测速平台或使用网络测试软件进行网络测速,如图 5.27 所示。

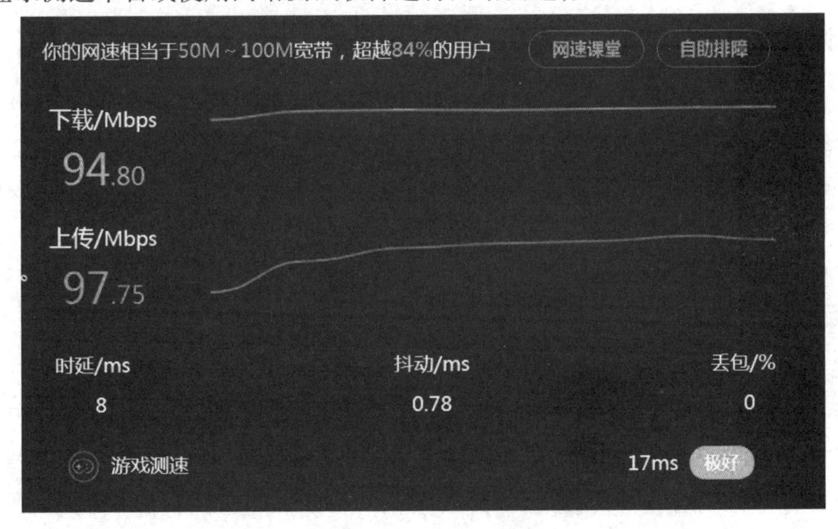

图 5.27 网站测速

(3)其他影响上网速率的因素

当访问某个网站出现网速很慢时,可换几个常访问的其他网站试试,如果速度正常,说明该网站变慢是自身的问题。

5.4 学习资料

5.4.1 网络安全概述

网络信息安全是一门涉及计算机科学、网络技术、通信技术、密码技术、信息安全技术、应用数学、数论、信息论等多种学科的综合性学科。网络安全主要是指网络系统的硬件、软件及其系统中的数据受到保护,不因偶然的或者恶意的原因而遭到破坏、更改、泄露,系统连续可靠正常地运行,网络服务不中断。

网络安全现在面临的威胁主要表现为以下几个方面。

①非授权访问。对网络设备及信息资源进行非正常使用或越权使用等。

②冒充合法用户。利用各种假冒或欺骗的手段非法获得合法用户的使用权限,以达到占用合法用户资源的目的。

③破坏数据的完整性。使用非法手段,删除、修改、重发某些重要信息,以干扰用户的正常使用。

④干扰系统正常运行。改变系统的正常运行方法,减慢系统的响应时间,病毒与恶意攻击,通过网络传播病毒或恶意代码。

⑤线路窃听。利用通信介质的电磁泄漏或搭线窃听等手段获取非法信息。

5.4.2 计算机病毒简述

计算机病毒(Computer Virus)在《中华人民共和国计算机信息系统安全保护条例》中被明确定义,病毒指“编制或者在计算机程序中插入的破坏计算机功能或者破坏数据,影响计算机使用并且能够自我复制的一组计算机指令或者程序代码”。而在一般教科书及通用资料中计算机病毒被定义为:利用计算机软件与硬件的缺陷,由被感染机内部发出的破坏计算机数据并影响计算机正常工作的一组指令集或程序代码。计算机病毒具有如下六大特征。

1)传染性

传染性是病毒的基本特征。计算机病毒是一段人为编制的计算机程序代码,这段程序代码一旦进入计算机并得以执行,它会搜寻其他符合其传染条件的程序或存储介质,确定目标后再将自身代码插入其中,达到自我繁殖的目的。正常的计算机程序一般是不会将自身的代码强行连接到其他程序之上的,病毒却能使自身的代码强行传染到一切符合其传染条件的未受到传染的程序之上。

2)未经授权而执行

一般正常的程序是由用户调用,再由系统分配资源,完成用户交给的任务。其目的对用户是可见的、透明的。而病毒具有正常程序的一切特性,它隐藏在正常程序中,当用户调用正常程序时窃取到系统的控制权,先于正常程序执行,病毒的动作、目的对用户是未知的,是未经用户允许的。

3)隐蔽性

病毒一般是具有很高编程技巧、短小精悍的程序。通常附在正常程序中或磁盘较隐蔽的地方,也有个别的病毒以隐含文件形式出现,目的是不让用户发现它的存在。如果不经过代码分析,病毒程序与正常程序是不容易区别开来的。

4)潜伏性

大部分的病毒感染系统之后一般不会马上发作,它可长期隐藏在系统中,只有在满足其特定条件时才启动其表现(破坏)模块。只有这样它才可进行广泛的传播。如:"PETER-2"病毒在每年2月27日会提三个问题,答错后会将硬盘加密。

5)破坏性

任何病毒只要侵入系统,都会对系统及应用程序产生不同程度的影响。轻者会降低计算机工作效率,占用系统资源,重者可导致系统崩溃。根据此特性,我们可将病毒分为良性病毒与恶性病毒。

良性病毒可能只显示些画面或出点音乐和无聊的语句,或者根本没有任何破坏动作,但会占用系统资源。这类病毒较多,如GENP、小球、W-BOOT等。

恶性病毒则有明确的目的,如破坏数据、删除文件或加密磁盘、格式化磁盘,有的恶性病毒对数据造成不可挽回的破坏。

6)不可预见性

从对病毒的检测方面来看,病毒还有不可预见性。不同种类的病毒,它们的代码千差万别,而且病毒的制作技术也在不断地提高,病毒对反病毒软件永远是超前的。

5.4.3　防火墙常识

防火墙是指设置在不同网络(如可信任的企业内部网和不可信的公共网)或网络安全域之间的一系列部件的组合。它是不同网络或网络安全域之间信息的唯一出入口,能根据企业的安全政策控制(允许、拒绝、监测)出入网络的信息流,且本身具有较强的抗攻击能力。在逻辑上,防火墙是一个分离器、一个限制器,也是一个分析器,有效地监控了内部网和Internet之间的任何活动,保证了内部网络的安全,如图5.28所示。

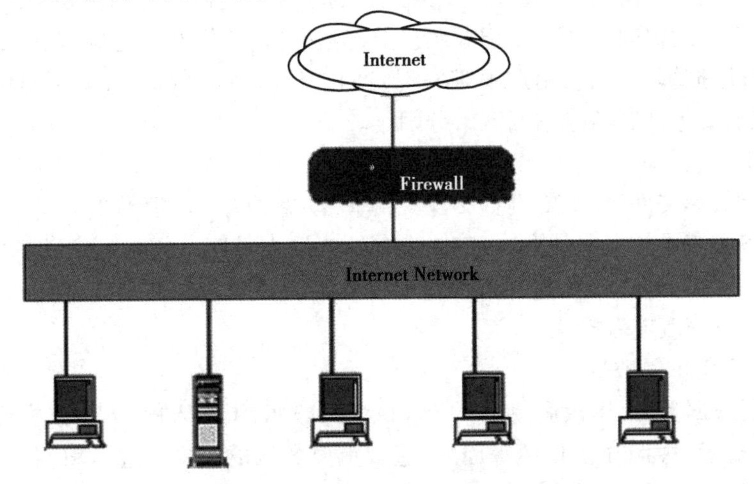

图5.28　防火墙逻辑位置示意图

5.4.4 个人上网的安全措施

(1)安装杀毒软件,并及时进行更新

检查和清除计算机病毒的一种有效方法是使用各种防治计算机病毒的软件。在我国市场上已出现的主流杀毒软件有360安全卫士、诺顿、卡巴斯基、NOD32、趋势、瑞星、金山毒霸等。

(2)分类设置密码并使密码尽可能复杂

在不同的场合使用不同的密码,如网上银行、上网账户、E-mail、聊天室等设置不同的密码。设置密码时要尽量避免使用有意义的英文单词、姓名缩写以及生日、电话号码等容易泄露的字符作为密码,最好采用字符与数字混合的密码,长度不少于8位。定期更换密码,至少每隔90天修改一次密码。

(3)不打开来源不明的邮件及附件

不要轻易打开电子邮件附件中的文档文件。可以先要用“另存为”命令保存到本地磁盘,待用杀毒软件检查无毒后才可以打开使用。直接双击打开Word和Excel文档,如果有“是否启用宏”的提示,不要轻易启用宏,否则极有可能感染上电子邮件病毒。对于扩展名为“.com”“.exe”的附件以及文件扩展名怪异的附件,或者是带有脚本文件如扩展名为“.vbs”“.shs”等的附件,千万不要直接打开,一般可以删除包含这些附件的电子邮件,以保证计算机系统不受计算机病毒的侵害。

(4)不下载来源不明的程序及软件

建议到一些正规的软件下载站点下载软件,避免遭到计算机病毒的侵扰。将下载的软件及程序集中放在非引导分区的某个目录,在使用前最好用杀毒软件查杀病毒。受到利益驱使,一些软件中带有计算机病毒或“流氓”插件,如果用户随便下载软件,可能导致计算机中毒。因此,不要在计算机上随意安装软件,尤其是从网上下载的软件。如果必须安装,仔细查看安装选项,了解软件发布者是否捆绑了“流氓”软件。

(5)防范间谍软件

间谍软件(spyware)是一种能够在用户不知情的情况下偷偷进行安装(安装后很难找到其踪迹),并悄悄把截获的信息发送给第三者的软件。间谍软件的主要用途是跟踪用户的上网习惯,有些间谍软件还可以记录用户的键盘操作,捕捉并传送屏幕图像。间谍程序总是与其他程序捆绑在一起,用户很难发现它们是什么时候被安装的。一旦间谍软件进入计算机系统,要想彻底清除它们就十分困难。

(6)关闭文件共享

在不需要共享文件时,不要设置文件夹共享,以免成为居心叵测的人进入你计算机的跳板。如果确实需要共享文件夹,一定要将文件夹设为只读。通常设定共享“访问类型”时不要选择“完全”选项,因为这一选项将导致只要能访问这一共享文件夹的人员都可以将所有内容进行修改或者删除。

(7)定期备份重要数据

经常进行数据备份,尽量避免出于计算机病毒破坏、黑客入侵、人为误操作、人为恶意破坏、系统不稳定、存储介质损坏等原因,造成重要数据的丢失。通常将要备份的数据包括文档、电子邮件、收藏夹、聊天记录、驱动程序等以某种方式保存在存储设备上。

5.4.5 手机上网安全

随着4G、5G通信以及无线网络的普及，现在人们随时随地都能用手机上网，不过虽然方便了，但随之也带来了很大的风险，比如支付账号被盗刷、个人隐私泄露之类的，如何保障个人手机网络安全成为一个问题。

总结使用手机的注意事项，而对于个人消费者而言，手机支付最好用本机4G流量，不要轻易连接免费Wi-Fi，防止支付宝密码被窃取。

①陌生二维码不随意扫，谨慎病毒植入免费充电宝，USB接口收集个人信息。

②不浏览非常用的手机网站，不要随意点击网站上的图片或者链接。

③尽量在手机系统自带的市场下载软件。

④收到陌生的短信不要随意点击附带的链接，很有可能是病毒木马。

⑤不要把手机随意借给外人，毕竟手机上有你的隐私信息。

⑥手机设置密码，自家路由器要有密码，使用安全性更高的密码并定期更新。

⑦下载App到官网；最好在手机上下载一个手机安全软件，定期检测手机的安全状态。

上述措施，可以在一定程度上保证自己的信息安全。不过，这些措施也不是万能的，从根源上树立必要的安全意识才是最重要的。

5.4.6 网络安全法

《中华人民共和国网络安全法》是为保障网络安全，维护网络空间主权和国家安全、社会公共利益，保护公民、法人和其他组织的合法权益，促进经济社会信息化健康发展而制定的法律。《中华人民共和国网络安全法》由中华人民共和国第十二届全国人民代表大会常务委员会第二十四次会议于2016年11月7日通过，自2017年6月1日起施行。

该法是我国第一部全面规范网络空间安全管理方面问题的基础性法律，是我国网络空间法治建设的重要里程碑，是依法治网、化解网络风险的法律重器，是让互联网在法治轨道上健康运行的重要保障。本法在以下几个方面值得特别关注。

①确立了网络安全法的基本原则。

②提出制定网络安全战略，明确网络空间治理目标，提高了我国网络安全政策的透明度。

③进一步明确了政府各部门的职责权限，完善了网络安全监管体制。

④强化了网络运行安全，重点保护关键信息基础设施。

⑤完善了网络安全义务和责任，加大了违法惩处力度。

⑥将监测预警与应急处置措施制度化、法治化。

5.5 拓展训练

因为杀毒软件对计算机病毒是不可预计的，所以经常杀毒软件的升级速度跟不上计算机病毒的产生速度，这时可能就需要用户进行手动杀毒。

在进行手动杀毒前首先要了解计算机中毒后的一些表现和特征，主要有以下方面：

①计算机系统运行速度减慢。

②计算机系统经常无故发生死机。
③计算机系统中的文件长度发生变化。
④计算机存储的容量异常减少。
⑤系统引导速度减慢。
⑥丢失文件或文件损坏。
⑦计算机屏幕上出现异常显示。
⑧计算机系统的蜂鸣器出现异常声响。
⑨磁盘卷标发生变化。
⑩系统不识别硬盘。
⑪对存储系统异常访问。
⑫键盘输入异常。
⑬文件的日期、时间、属性等发生变化。
⑭文件无法正确读取、复制或打开。
⑮命令执行出现错误。
⑯虚假报警。
⑰换当前盘。有些病毒会将当前盘切换到 C 盘。
⑱时钟倒转。有些病毒会命名系统时间倒转,逆向计时。
⑲Windows 操作系统无故频繁出现错误。
⑳系统异常重新启动。
㉑一些外部设备工作异常。
㉒异常要求用户输入密码。
㉓Word 或 Excel 提示执行“宏”。
㉔不应驻留内存的程序驻留内存。

通过上述特征如果怀疑计算机中毒了,可以通过查看任务管理器(Ctrl+Alt+Del)中的进程选项卡查找可疑进程,如图 5.29 所示。找到可疑进程之后,需要进一步确认它是否为病毒,可以通过搜索引擎进一步查找确认。

图 5.29 任务管理器

确认病毒后将病毒进程强行中断。很多病毒的进程无法通过任务管理器终止可以用NTSD终止进程。

在命令提示符下输入下列命令：

ntsd -c q-p 1756

回车后可以顺利结束病毒进程。

提示："1756"为进程PID值，如果不知道进程的ID，打开任务管理器，单击查看→选择列→勾上PID(进程标识符)即可。NTSD可以强行终止除system，smss.exe，csrss.exe外的所有进程。

根据病毒进程名称搜出病毒原文件并删除。通过搜索"本地所有分区""搜索系统文件夹和隐藏的文件和文件夹"，找到该文件的藏身之所，将它删除。不过这样删除的只是病毒主文件，通过查看它的属性，依据它的文件创建日期、大小再次进行搜索，找出它的同类并删除。如果你不确定还有哪些文件是它的"亲戚"，可以通过网络搜索查找病毒信息获得帮助。

逐个在注册表中搜索，把所有与病毒名称、病毒进程匹配的项全部删掉。不过这样做有一定的危险性，建议在修改注册表前必须备份。在注册表的查杀和扫描工作结束后，需要再次检查进程列表确保无误后，就可以重启计算机检查病毒是否会再次发作了。

病毒的手动清除用户可以充分借助于网络资源，另外，用户也可以及时把病毒信息上报各大杀毒软件公司，让专业人士帮助杀毒，说不定还会有一份额外的惊喜。

5.6 巩固练习

一、选择题

1. 下列哪种软件不具有防病毒的功能(　　)?

A. 卡巴斯基　　B. 天网

C. 瑞星　　D. Symantec Client Security

2. 关于防火墙的功能，以下哪一种描述是错误的?

A. 防火墙可以检查进出内部网的通信量

B. 防火墙可以使用应用网关技术在应用层上建立协议过滤和转发功能

C. 防火墙可以使用过滤技术在网络层对数据包进行选择

D. 防火墙可以阻止来自内部的威胁和攻击

3. 用ping命令持续测试本机与路由器的连接时，使用ping命令中的(　　)参数。

A. -a　　B. -n　　C. -l　　D. -t

4. 实现从IP地址到物理地址转换的命令是(　　)。

A. ping　　B. ipconfig　　C. arp　　D. tracert

5. tracert可以(　　)。

A. 用于检查网关是否正常工作　　B. 用于检查网络连接是否可达

C. 用于分析网络在哪里出了问题　　D. 以上都是

6. 下面的(　　)不是防火墙的用途。

A. 防止网络发生火灾　　B. 加强网络之间的访问控制

C. 防止外网用户非法进入内网　　　　　　D. 保护内网特殊资源

7. 为了减少计算机病毒对计算机系统的破坏,应(　　)。

A. 尽可能不运行来历不明的软件　　　　　B. 尽可能用软盘启动计算机

C. 把用户程序和数据写到系统盘上　　　　D. 不使用没有写保护的软盘

8. 计算机染上病毒后不可能出现的现象是(　　)。

A. 系统出现异常启动或经常"死机"　　　　B. 程序或数据突然丢失

C. 磁盘空间变小　　　　　　　　　　　　D. 电源风扇的声音突然变大

9. 面对通过互联网传播的计算机新病毒的不断出现,最佳对策应该是(　　)。

A. 尽可能少上网　　　　　　　　　　　　B. 不打开电子邮件

C. 安装还原卡　　　　　　　　　　　　　D. 及时升级防杀病毒软件

二、填空题

1. 可以测试网络连通性的命令是________,可以显示 IP 地址等的命令是________。

2. 释放从 DHCP 服务器得到的 IP 地址使用________命令,从 DHCP 服务器租用一个 IP 地址使用________命令。

3. ________可以检测计算机与网络之间详细的连接情况,可以得到以太网的统计信息并显示所有协议(TCP 协议、UDP 协议以及 IP 协议等)的使用状态。

三、问答题

1. 什么是计算机病毒,它有哪些特征?

2. 杀毒软件与防火墙有何区别?

3. 某机器可以 ping 通 IP 地址,但是 ping 不通域名,请分析原因。

4. 查资料并讨论为何"自主可控是网络安全的前提,没有网络安全就没有国家安全"。

四、实操题

1. 下载 PGP 软件,使用该软件对文件进行加密和解密。

2. 在 Windows 及 Linux 中配置防火墙。

3. 对无线路由器进行无线安全设置。

参考文献

[1] 华为技术有限公司.网络系统建设与运维 高级[M].北京:人民邮电出版社,2020.
[2] 贾清水.计算机应用基础:非电子信息类专业适用(非零起点)[M].北京:清华大学出版社,2020.
[3] 高立军.计算机应用基础实训指导:非电子信息类专业适用(非零起点)[M].北京:清华大学出版社,2020.
[4] 谢希仁.计算机网络[M].7 版.北京:电子工业出版社,2017.
[5] 朱元忠,方园.网络管理与维护[M].2 版.北京:高等教育出版社,2018.